未来哲学系列

声 与 色

孙周兴 著

上海人民出版社

瓦西里·康定斯基
《构图 8 号》
1923 年

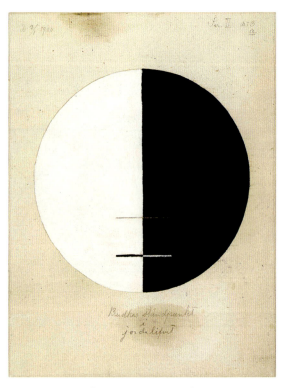

希尔玛·阿夫·克林特
《No.3a 佛陀在世俗生活中的立场》
1920 年

詹姆斯·惠斯勒
《黑色与金色的夜曲：飘落的烟花》
1875 年

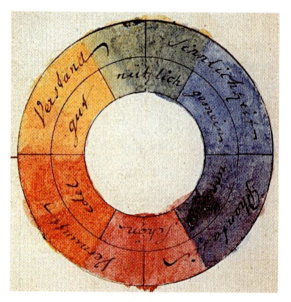

歌德色轮

卡济米尔·马列维奇
《黑色方块》
1915 年

卡斯帕·大卫·弗里德里希
《橡树林中的修道院》
1809—1810 年

目录

自序

第一章

眼之像还是心之声?
——关于瓦格纳与声音艺术问题

第二章

我们如何得当地谈论颜色？

——关于维特根斯坦的《论颜色》

.... 45

第三章

寂声与黑白

——关于声色世界的现象学存在论

.... 90

自序

　　本书的主题是"声色"。声色——声音与颜色——问题似乎难以成为哲学的宏大主题，除了少数个案（比如在亚里士多德、牛顿、歌德等那里）和零星的议论，传统哲学史上关于声色的专题讨论不在多数，这就是说，声色是较少被课题化的。声色少受主流哲学传统的关注，根本原因恐怕在于，声色世界是感性世界或现象世界，自始就不是传统哲学的主要目标。在欧洲—西方的柏拉图主义哲学传统中，这一点尤为明显。在美学史或艺术理论史上有一些关于声音和颜色的分别探讨，但把两者合起来处理也属稀罕。总的来说，声色现象是无端地受到了冷落的。

然而，声色多么重要！如果没有声色（声音与颜色），则世界如何成形和显现？自然人类的文化世界本来就是一个声色世界，声色世界才是丰富可爱的生活世界。分别而言，声色是多维度的课题，它既是感觉问题，又是艺术问题，更是哲学问题。

首先，声色是一个感觉问题。在五官五觉中，与声色对应的感官和感觉是眼与耳、视与听，而且视与听之间的关系成为一个重要问题。长期以来，视觉（观看）一直处于优势地位，形成所谓的"视觉中心主义"传统。视觉优势或者视觉中心主义既有身体—生理的基础，在欧洲也与起源于古希腊的哲学和科学传统相关。这个传统被尼采称为"柏拉图主义"，它在文艺复兴之后更获巩固，一方面表现为主体性形而上学的视觉对象性—暴力性姿态，另一方面也在达·芬奇的视觉理论（焦点透视）中得到了表达。与达·芬奇所谓的"眼是心灵之窗"相对，现代的瓦格纳却直言"声音是心的器官"，同时提出"总体艺术作品"的当代艺术观念，在一个世纪后直接引发了博伊斯的"通感艺术"概念。"通感艺术"概念不仅要求打通各种感官和感觉，面对鲁道夫·施泰纳所谓的"弱感世界"来重塑感觉力，而且意味着视听关系的调适和倒转，暗含着人类经验史和文化史的一次深度转向。

其次，声色是一个艺术问题。声音与颜色两者又与艺术相关，音乐和戏剧差不多就是"声的艺术"，而绘画等造型艺术可谓"色的艺术"。在艺术文化史上，"声的艺术"与"色的艺术"各自的地位、权重及两者的相互关系是变动不居的，并无恒定之态。拿古希腊来说，"声的艺术"发达在先，在前悲剧时代恐怕还有一个"声的艺术"与"色的艺术"

平分秋色的时期，但在尼采所谓"悲剧时代"之后，也即在苏格拉底—柏拉图开启哲学和科学样式之后，视觉中心主义便定了型，"色的艺术"即造型艺术就成了占支配地位的类型，加上文字已成为主流媒介，书写文化已上升为统治文化，可见出视觉优势已经牢不可破了。直到19世纪中叶的"音乐哲人"瓦格纳出现，这种形势才得以改变，"眼之色"与"心之声"，或者"色的艺术"与"声的艺术"，进入一种新的调整格局。声色是一个艺术问题，却是一个无比繁复的难题。

最后，声色是一个哲学问题。在被称为"柏拉图主义"的观念论哲学传统中，声色感性世界多半是被贬黜的，但这并不妨碍它成为一个哲学课题。在古典时代，亚里士多德讨论过五觉，尤其是对视与听做过专题讨论。他的讨论基于自然人类的朴素感知，可归于后世所谓认识论。在近代哲学中，经验论一派哲学家继承了亚里士多德，多半从感觉认识角度涉及声音与颜色问题。就此而言，声色是一个认识论问题。除此之外，声色还是一个时空问题，尤其在康德那里，声色被内化——被抽象——为"感性直观形式"，即时间和空间问题，康德试图以此为两门形式科学即算术与几何学做一种基础论证。我们也看到，同时代的哲人哈曼坚定地反对康德这种先验哲学套路，主张声与色及与之对应的听与视乃是语言的方式，从而对应于两种艺术，即音乐与绘画。这就意味着，哈曼天才地直观到了声色的语言存在论之维。要而言之，作为哲学问题的声色现象，至少已经呈现为声色认识论、声色时空论和声色语言存在论。

不过我们也必须看到，今天人类的声色观是由科学决定的，或者说，科学的声色观已成为今日人类的"常识"。比如我们今天的颜色观，全体地球人采取的是牛顿的颜色分法，即根据波长数据区分的红、橙、黄、绿、青、蓝、紫。这个颜色常识十分管用，没有人会怀疑。但日常生活中谁拿着棱镜行动？科学的颜色观离日常感知和经验是有距离的。再说了，当年牛顿本来是要区分13种颜色的，后来只是想着跟上帝学习才决定区分了7色，那么，今天人类都坚信7色，是不是太搞笑了呢？

在今天，声色问题之所以成为一个急难问题，还与世界状况和时代处境有关。始于18世纪下半叶的技术工业使人类生活世界越来越疏离于自然状态，也造成本书所谓的"声色虚无主义"；在图像和声音被数字化、落入普遍算法逻辑的今天，人类面临更大的难题，因为人类的世界变得越来越抽象了。如果落实到感受层面，我们正面临一种尴尬的情景：一方面是感觉的技术性加强和扩展，另一方面却是经验的抽象化和平均化。这时候，自然人类的声色经验反倒弥足珍贵了，而且可能更显重要了。于是我们看到，20世纪以来的哲学基于对感性生活世界的关注，开始更多地重视声色问题了，特别是现象学路线上的哲学家，诸如胡塞尔、海德格尔、梅洛-庞蒂等，纷纷把声色感知和声色现象（特别是颜色感知和颜色现象）当作重要的哲学课题。

本书收录我新近写的三篇关于声音和颜色问题的文章，依次为：

1.《眼之像还是心之声？——关于瓦格纳与声音艺术问题》，原为在上海音乐学院做的报告《瓦格纳与当代艺术》，为上海音乐学院艺术哲学与音乐美学研究中心主办的第六届音乐美学专家讲座（2023年8月23日上午）；改写和简化稿以《声音与图像——瓦格纳与声音艺术问题》为题，提交给浙江旅游职业学院主办的"《文化艺术研究》2023年编委会会议暨景观与社会发展论坛"（2023年9月16日，浙江旅游职业学院千岛湖校区旅苑酒店）；修订稿又以《声音与图像——视觉优势的失落及其后果》为题，提交给中国美术学院艺术教育研究院主办的"向达·芬奇提案——21世纪的文艺复兴人/21世纪艺术教育论坛"（2023年11月7日，上海张江科学会堂）。以上均为PPT演示稿，成文时做了大幅扩充，刊于《文艺研究》2024年第11期。

2.《我们如何得当地谈论颜色？——关于维特根斯坦的〈论颜色〉》，是根据我为维特根斯坦的《论颜色》中译本写的译后记改写的，后载《文艺研究》2023年第6期。这次收入本书时做了适当调整和补充。

3.《寂声与黑白——关于声色世界的现象

学存在论》，原以《寂声与黑白——关于颜色和声音的现象学和存在论》为题，在澳门大学哲学与宗教系报告（2023年10月31日晚7点），为澳门大学人文社科高等研究院及人文学院主办的"哲学名师系列讲堂"之第二讲。后以《关于声音和颜色的现象学存在论》为题，在北京师范大学哲学系报告（2023年11月24日下午3点）。其时也只形成了一个PPT讲稿，而没有成文。形成文稿后，以《寂声与黑白——关于声色和颜色世界的现象学存在论》为题，刊于《中国社会科学》杂志2024年第5期。在该文发表时，编辑部认为"声色"两字不好听，不宜采用，故多数改成了"声音与颜色"——我有点不解，"声色"怎么了？不过也只好接受和同意了。

本书三篇文章都不算长文，合起来估计只有5万多汉字，所以这是一本极小的书，也是我迄今为止出版过的最小的书。另外必须承认，我是故意把书写小的，因为在我看来，"小书时代"已经到了——现如今，谁看书或者读书呀？所以可以再说得狠一点，是书的时代很快就要结束了。这样一想，我也就空虚了，也就心安了。

感谢所有为发表这本小书里的三篇文章付出努力的期刊编辑，特别是《文艺研究》的张颖女士和《中国社会科学》的莫斌博士，他们对文章提出了好些修改意见；也感谢负责本书出版的上海人民出版社编辑陈佳妮女士。倘若没有他们的辛劳，本书不可能有现在的样子。

2024 年 1 月 12 日记于余杭良渚

2024 年 2 月 15 日再记于上海

第一章

眼之像还是心之声？[1]

——关于瓦格纳与声音艺术问题

视觉中心主义是欧洲哲学和科学传统的基础，这个被称为"柏拉图主义"的传统在文艺复兴之后更获巩固，一方面表现为主体性形而上学的视觉对象性—暴力性姿态，另一方面也在达·芬奇的视觉理论（焦点透视法）中得到了表达。但与达·芬奇所谓的"眼是心灵之窗"相对，19世纪的瓦格纳却直言

---

1. 据作者在上海音乐学院做的报告（2023年8月23日）扩充成文，原载《文艺研究》，2024年第11期。

"声音是心的器官"。到底是眼之像（眼色）还是心之声（心声）？图像与声音到底是何种关系？本文首先讨论视觉中心主义的身体基础与文化起源；其次探讨瓦格纳的"心声"观，着眼点在于其中蕴含的眼—耳、图像—声音关系的倒转；进而从当代哲学家巴迪欧的瓦格纳阐释出发，揭示在 20 世纪完成的音乐/声音艺术的逆袭，并提出与博伊斯当代艺术概念相应的"扩展的音乐概念"；本文最后试图探讨与"瓦格纳与声音艺术"主题相关的若干艺术哲学问题。

一、眼之优势与视觉中心

在艺术文化史上，声音与图像的关系问题由来已久，与之相关的是耳与眼、听觉与视觉的关系问题。因为文化史的主流是视觉中心主义，所以绘画——一般而言即造型艺术——一直是居支配地位的艺术样式，图像成了文化史上除文字媒介之外的主流媒介形式之一，而声音（音乐）则处于相对弱势的地位。这是由来已久的故事，但后面我们会看到，它也不是一个毫无疑问的、牢不可破的传统。

视觉中心主义的文化传统当然首先基于

图一　康定斯基《构图 8 号》（1923 年）

眼睛在人类诸感官中的优势地位，简言之，就是眼睛的突出重要性。关于视觉优势的科学证明是十分丰富的，也不难了解。英国生物学家、科学作家理查德·道金斯（Richard Dawkins）专题讨论过眼睛，眼睛构造极其复杂，设计精妙。他引用另一位科学家希钦（Francis Hitching）关于眼睛的神奇性的描述："眼睛要发挥功能，至少得经过下列步骤，彼此完美地协调呼应……眼睛必须干净、湿润，由泪腺与活动眼睑的互动负责，眼睑上的睫毛还有过滤阳光的功能。然后光线通过眼球表面一片透明的保护层（角膜），再由晶体状聚焦后投射到眼球后方的视网膜上。那里的 1.3 亿个感光细胞接收到光线后，以光化学反应将光线转换成电脉冲。每秒大约有 10 亿个电流脉冲传入大脑，整个过程仍不十分清楚；大脑接收到信息后就会采取适当的行动。用不着说，整个过程只要任一环节出了些许差错，就不会形成认得出来的视像。"[1]

眼睛是自然演化史的一个奇迹。道金斯认为，关于眼睛的产生（起源和演化），我们需要回复如下五个问题：1. 人类的眼睛会不会是无中生有、一步登天的结果？2. 人类的眼睛会不会直接源自与它稍有不同的事物 X？3. 从现代人类眼睛逆推，经过一系列 X，可以达到没有眼睛的状态吗？4. 我们假定有一系列 X 可以代表眼睛无中生有的过程，那么相邻的 X 是不是凭随机突变就能演化呢？5. 我们假定有一系列 X 可以代表眼睛

---

1. 道金斯：《盲眼钟表匠——生命自然选择的秘密》，王道还译，中信出版社，2016年，第100—101页。

5

从无到有的过程，可是每一个 X 都能发挥功能，协助主子生存与生殖吗？[1] 道金斯提出的这五个问题表面上看来轻松有趣，根本上却是十分科学的，步步推进，有着严密的逻辑论证。如果用 Yes 和 No 来回答，道金斯试图给出的答案是：除了第一项是否定的"No"，其他四项都是肯定的"Yes"。这位道金斯是一个坚定的进化论者，支持达尔文的演化论或者自然选择论，努力通过上面五个问题来证明人类眼睛是自然界从无到有演化的结果。

撇开作为灵长类动物的人类物种的自然演化史不说，有关文明史上的视觉中心或者

---

1. 道金斯：《盲眼钟表匠——生命自然选择的秘密》，第97—100页。

视觉优势问题、视觉与听觉及两者的关系问题也是高度复杂的，甚至是更为复杂的。就欧洲文化史来说，视觉中心主义的确立恐怕是哲学和科学时代的事，也即雅斯贝斯所谓"轴心时代"的事，在此之前，在早期希腊文明中，视觉艺术或造型艺术并不占优，古希腊早期艺术是以"说唱"为主的声音艺术。按照尼采的看法，古希腊悲剧时代的艺术还是以"酒神精神"或"音乐精神"为主导的，只是稍后出现了苏格拉底的理论—科学—哲学新文明，也才有了以"阿波罗精神"为主导的视觉艺术和造型艺术样式的优势地位。尽管这个故事并不好讲，但基本脉络却是大致不差的。

尼采也说，自苏格拉底以降，所有人都是"理论人"了，用今天的话来说，就是

"人人都是哲学家"了。自从广义的"科学"（episteme）意义上的"哲学"产生以后，视觉中心主义便获得了确立，于是才有古希腊人所谓的"眼人"（Augenmensch）。"眼人"此说极妙——人是"眼人"。古希腊哲学—科学的基础是"视觉优先"。我们看到，古希腊哲学中的"形相／爱多斯"（Eidos）、"理念"（Idea）都是视觉性的，都与动词"观""看"（idein）有关，名词 Eidos 和 Idea 是动词 idein 的名词（动名词）形式。与之相关的所谓"观念"也是"观"之"念"。也正因此，德里达才会说，起于古希腊的欧洲形而上学是一种"向日"思维。

在近代主体性形而上学中，古典的视觉中心主义通过所谓的表象性思维或者对象性思维而得到了进一步加强和巩固。如果说——按照海德格尔之见——早期希腊思想中的"观看"还不是主体性的，甚至在希腊哲学时代也还没有形成主体性思维，那么，在近代哲学中，表象性思维的基本特征就是"主体性的观看"。海德格尔十分严肃地认为，我们最好不要把巴门尼德那里的 noein 译为"思想"（如在巴门尼德之箴言"思想与存在是同一的"中），而更应该把它译为"觉知"（Vernehmen），后者是一种承接性的"获取"，但肯定不是一种后世的"表象"（Vorstellen）。从"觉知"到"表象"，含着一种姿态的巨变，亦即从非主体性的"领受"到主体性的主动凝视的"置象"[1]，甚至是一种判决性的"审问"。现在，海德格

---

1. 在我看来，对德语 Vorstellen 的最确当的翻译不是"表象"，而应该是"置象"，意即"置于眼前而使之成为对象"。"表象"这个译名是莫名其妙的。

尔就可以这样来表述"表象"意义上的视觉优势了："表象变成法庭，它对存在者之存在状态做出裁决，并且判定：只有在表象中通过表象而已经被摆置到自身面前、并且因此对它来说已经得到保障的东西，才可能被视为一个存在者。"[1]

近代艺术史的故事与哲学史具有令人吃惊的同步性。当笛卡尔以著名的"我思故我在"建立"自我""主体"的确定性之际，达·芬奇形成了绘画艺术上的"焦点透视"，奠定了欧洲近代绘画的视觉哲学基础，两者具有相同的主体性表象（观看）结构。至于视觉之于其他感觉的优先性，和眼睛之于其

---

1. M. Heidegger, *Nietzsche*, II, Stuttgart: Verlag Günther Neske, 1998, S.266；参看海德格尔：《尼采》下卷，孙周兴译，商务印书馆，2015年，第986页。

他感官的突出重要性，达·芬奇的论证最简单有力：眼是心灵的窗户，故绘画高于诗艺，高于听觉艺术和其他艺术样式。

诚然，即便在哲学和科学时代里，以音乐为代表的声音艺术也不曾湮灭过，而倒是一直顽强生长着，甚至时有辉煌时刻，不过总的来说，声音艺术处于相对弱势的地位，一直是"制度"之外的"添加剂"或"附庸物"。如上所述，眼睛和视觉优势是有自然演化的生物依据的，同样地，听觉和听觉艺术的相对劣势地位也不是无来由的，也是有身体基础的。眼的生理特征是外向的、进攻性的，而耳的特征则是内向的、接受性的。前者主动，后者被动。这是"自然选择"的结束，自然而然的"分工"。但另一方面，我们也已经指出，眼与耳之争，声音与图像的关

11

系，在文化史上也并非一成不变的。

二、声音是心的器官

在眼与耳、色与声的关系问题上，欧洲
艺术史上的一个重要转折点是 19 世纪中叶的
艺术大师理查德·瓦格纳（Richard Wagner，
1813—1883）。与突出和抬高眼睛地位和绘画
艺术的达·芬奇不同，瓦格纳则强调声音和
声音艺术，声称"声音是心的器官"，它的艺
术上的有意识的语言是"声音艺术"或"音
响艺术"（Tonkunst）。[1] 瓦格纳说人分"外"

---

1. Richard Wagner, *Das Kunstwerk der Zukunft*, in: *Dichtungen und Schriften*, Bd.6, hrsg. von Dieter Borchmeyer, Frankfurt am Main: Insel Verlag, 1983, S.52. 此句原文为：Das Organ des Herzens aber ist der Ton。

图二　瓦格纳肖像

与"内"，可谓外在的人与内在的人，眼与耳
是人的外在器官和内在器官，内在器官当然
要比外在器官更重要。如果说心灵是一片大
海，那么，"眼睛只认识这片大海的表层：唯
有心灵的深邃才能把握这大海的深邃"[1]，作为

1. Richard Wagner, *Das Kunstwerk der Zukunft*, S.53.

"心的器官","声音（Ton）是情感的直接表达，正如它在心（Herz）这个血液运动的出发点和回归点有其生理的位置一样"。[1]

瓦格纳对声音之突出地位的强调，乃是基于他系统的艺术哲学思考。瓦格纳堪称"音乐哲人"。布莱恩·马吉指出："瓦格纳是唯一一位在其漫长生涯中认真专研哲学的伟大作曲家——哲学对瓦格纳的成熟之作影响巨大，以至于离开哲学便无法弄懂个中深意。"[2] 在音乐史上，这恐怕还是前所未有的。但我认为，个中意义还不在于瓦格纳喜欢费

---

1. Richard Wagner, *Das Kunstwerk der Zukunft*, S.32. 参看韩锺恩：《音乐意义的形而上学显现并及意向存在的可能性研究》，上海音乐学院出版社，2012年，第75—76页。
2. 布莱恩·马吉：《瓦格纳与哲学》，郭建英、张纯译，中国友谊出版公司，2018年，第1页。

尔巴哈和叔本华等当代哲人，也不在于瓦格纳与尼采之间一生的恩怨纠缠；关键在于，瓦格纳第一次使"哲学与音乐"成为问题，也可以说使音乐成为一个哲学问题。正如巴迪欧指出的那样，瓦格纳创造了"一种关于哲学与音乐关系的新状态"。[1]一般而言，自瓦格纳开始，现代文化开始重构艺术与哲学的二重性关系。这一点在尼采那里表现得最淋漓尽致，他始终把艺术与哲学的关系问题视为文明 / 文化的轴心问题；而在 20 世纪哲人海德格尔那里，艺术与哲学之关系被表达为"诗"（Dichten）与"思"（Denken）的关系，两者被看作语言发生或者存在之真理发生的两个处于"二重性"

---

1. 阿兰·巴迪欧：《瓦格纳五讲》，艾士薇译，河南大学出版社，2017 年，第 88 页。

关系之中的基本方式。[1]

音乐如何成为哲学问题？在瓦格纳那里，首先在于破传统的音乐（乐音）概念。瓦格纳的歌剧《特里斯坦和伊索尔德》（1857—1859）引发了一场革命，其中的半音化结构和由此产生的无终旋律导致调中心的消解，从而产生了一个"声音"新概念。[2] 这个"声

1. 尼采关于艺术与哲学之关系问题的思考在其早期著作《悲剧的诞生》中就已经开始了，之后几年内又不断尝试重构与"悲剧艺术"对应的"悲剧哲学"，可参看尼采《悲剧的诞生》及早期巴塞尔遗稿，现在可参看尼采：《悲剧时代的艺术与哲学》，孙周兴等译，商务印书馆，2023 年。海德格尔在后期思想中特别关注"诗"与"思"的分合关系，有关讨论可参看海德格尔：《在通向语言的途中》，孙周兴译，商务印书馆，2015 年，第 146 页以下；也可参看孙周兴：《语言存在论——海德格尔后期思想研究》第五章，商务印书馆，2011 年。
2. 韩锺恩：《音乐意义的形而上学显现并及意向存在的可能性研究》，第 30 页。

音"新概念可以被称为"扩展的音乐概念"，其结果不光是音乐成为一个哲学问题，而且是音乐成为一种支配性艺术。

菲利普·拉库-拉巴特出版于1991年的《伪音》(*Musica ficta*)一书主要讨论瓦格纳音乐与当代意识形态的关系，其基本论点是："自瓦格纳以来，随着虚无主义的展开，音乐从未停止侵入我们的世界，并且已明显跃居于其他艺术形式之上，包括图像艺术；'音乐狂热'已经接过了偶像崇拜的接力棒。"[1]这一断言有两个惊人之处：一是说"自瓦格纳以来，随着虚无主义的展开"，二是说音乐压倒了包括图像艺术在内的其他艺术形式。我们知道，瓦格纳是一个极端个人主义者，因

_____

1. 转引自阿兰·巴迪欧：《瓦格纳五讲》，第10页。

而也是一个无政府主义者，甚至虚无主义者。瓦格纳同时也是悲观主义者叔本华的信徒。正是在叔本华之后，虚无主义真正成为一道现代性难题。那么，难道音乐走向前台、成为支配性的艺术与虚无主义有关？

音乐/声音艺术当真成为支配性的艺术了吗？关于这个问题，恐怕是会有不少争议的。最直观和最直接的疑虑在于，第二次世界大战之后出现的情景主义国际和当代艺术运动仍旧是视觉性的和图像主导的。情景主义国际的居伊·德波（Guy Debord）所谓的"景观"和"景观社会"仍然是一个视觉中心主义的概念，它与视觉、图像、观看有关。这就是说，它与欧洲主流形而上学的"柏拉图中心主义"传统有关，是向日式—存在学思维在影像—媒介时代的集中展示。

博伊斯已经摆出了反对视觉中心主义的架势，明确断言视觉中心的艺术时代已经终结了。博伊斯有一段话最为经典："我们生活在这样一种文化中，艺术被看作一种视觉形式，并且反复说，造型艺术是视觉的，只有通过眼睛才能把握到它们。当然眼睛是一个非常重要的感觉器官，尤其是对于色彩而言是最为重要的。但如果只是考虑这些，那么在我看来，现在已经不可能再产生什么有意思的绘画了，因为它们已经堕落为一种形式化的表现。因此，我要去研究物质，我的目的就是对物质进行阐述，基础性的，显然单单这个物质就构成了一个灵魂的过程。"[1]博伊

---

1. 参看哈兰:《什么是艺术？——博伊斯和学生的对话》，韩子仲译，商务印书馆，2017年，第28页。

斯声称艺术要从视觉中心转向物质研究，他也强调通感艺术，但他依然没有特别地关注听觉和听觉艺术，更没有主张声音艺术的支配地位。

图三　博伊斯《如何向一只死兔子解释图画》(1965 年)

在当代艺术语境中，我们经常听说的是"图像时代"和"图像泛滥"，似乎还没听过"声音时代"和"声音泛滥"。然而，只有视觉—图像景观吗？显然不是。虽然视觉中心主义的习惯势力仍有余威，虽然眼睛的天然优势地位依然维持着，但我们也必须看到一些已经发生，并且正在继续的根本性变化。首先，在媒介技术化进程中，特别是在视觉媒介（图像）与听觉媒介（声音）被数字化的进程中，不可见的声音在贮存、复制和传播方面明显取得了更大的优势地位，已经超越了可见的图像，从而导致图像中心地位变得岌岌可危；其次，以眼睛优势和视觉中心为基础的近代主体主义已经在 20 世纪的哲学批判中广受质疑，主体性哲学危机几成共识，非主体主义或后主体主义的思想成为一种重要的对冲努力，这时候，以听从和归属为特征的听觉自然而然地受到了关注，听觉地位得以突显和加强。而现在我们看到，瓦格纳已经先行一步，提出了眼与耳、图像与声音的关系问题。这就是说，自瓦格纳开始，眼之像还是心之声，一直是思想史与艺术史中若隐若显的基本问题。[1]

在 19 世纪的思想领域里，对音乐的哲学性或者形而上学性的最终确认是由尼采的早期著作《悲剧的诞生》来完成的。受瓦格纳的启发和激励，青年尼采作《悲剧诞生于

----

1. 此处"眼之像"或可表述为"眼色"，而"心之声"也可表述为"心声"。汉语中"眼色"有"目光、眼力、颜色、姿色"之义，而"心声"则有"言语、心里话、文采"等义，有"言为心声"之说。

音乐精神》(后简称为《悲剧的诞生》)一书，把起源于"音乐精神"即"狄奥尼索斯精神"的古希腊悲剧称为"艺术形而上学"，并且把它视为最佳的艺术类型。

除了瓦格纳"通过艺术重建神话"的艺术理想，尼采对瓦格纳革新音乐和戏剧的尝试极为赞赏。瓦格纳的不谐和音程最令尼采兴奋。尼采在《悲剧的诞生》最后两节都提到了"不谐和音"。尼采把它提到极高的位置上，他写道："在高度发展的音乐形式中，不谐和音乃是几乎所有音乐要素的必要成分。"[1]其实瓦格纳自己的论证很简单：自然本身就不和谐，为什么音乐必须是和声，而且只是

---

1. 尼采：《悲剧的诞生》，孙周兴译，商务印书馆，2019年，第 174 页。

和声？

　　尼采甚至把"不谐和音"与悲剧神话联系起来，其理由是，悲剧神话所产生的快感，与音乐中"不谐和音"所唤起的愉快感觉，是有相同根源的。要而言之，尼采认为可把这两种状态称为"狄奥尼索斯现象"："就艺术中应用的不谐和音而言，我们或可对上述状态作如下刻划：我们既想倾听又渴望超越倾听。随着对于清晰地被感受的现实的至高快感，那种对无限的追求，渴望的振翅高飞，不禁让我们想到：我们必须把这两种状态看作一个狄奥尼索斯现象，它总是一再重新把个体世界的游戏式建造和毁灭揭示为一种原始快感的结果，其方式就类似于晦涩思想家赫拉克利特把创造世界的力量比作一个游戏的孩童，他来来回回地垒石头，把沙堆筑起来又推倒。"[1]

我们知道，尼采在《悲剧的诞生》中提出一个"艺术形而上学"命题：唯有作为审美现象，此在与世界才显得是合理的。在尼采看来，悲剧的意义在于，让我们相信丑陋和不和谐也是"意志在其永远丰富的快感中与自己玩的游戏"，这是狄奥尼索斯艺术的原始现象，而瓦格纳所启发的音乐的"不谐和音"恰恰是要我们理解这种原始现象。"狄奥尼索斯因素，连同它那甚至在痛苦中感受到的原始快感，就是音乐和悲剧神话的共同母腹。"[2]

就此而言，尼采所谓的"艺术形而上学"

---

1. 尼采：《悲剧的诞生》，第 175 页。
2. 尼采：《悲剧的诞生》，第 174 页。

的根本内核乃是狄奥尼索斯精神。在《悲剧的诞生》中，尼采区分了日神阿波罗和酒神狄奥尼索斯，相应地区分两种艺术，实即视觉的日神艺术与听觉的酒神艺术。所以在尼采那里，看与听的关系问题已经突显出来，而且已经倒转了，因为尼采认为，虽然最好的艺术即古希腊悲剧艺术是日神精神与酒神精神的"交合"（Paarung），即一种紧张的差异化交织运动，但因为日神势力一直居于支配地位，而酒神精神和酒神艺术（音乐）一直受到压抑，故在今日文明中要重点发扬的是酒神精神，特别是以"酒神颂歌"（Dithyrambe）来呈现的音乐精神。尼采自己一直念念不忘"酒神颂歌"，视之为"抒情诗"的最高理想，并且说他的整部《查拉图斯特拉如是说》已经臻于这个理想了，就是

"一首赞美孤独的酒神颂歌"[1]。

当尼采把酒神狄奥尼索斯重塑为一位名神时，他实际上已经跟随瓦格纳，重置了声音与图像、听与看的关系。

三、扩展的音乐概念

从瓦格纳的声音概念出发，法国哲学家巴迪欧得出更进一步的结论：音乐比图像更为根本。这个观点是不无惊人的，因为通常我们仍旧为视觉中心主义所控制，更倾向于把图像视为最重要的文化形式。巴迪欧为此

---

1. 尼采：《瞧，这个人》，孙周兴译，商务印书馆，2016年，第25页。最典型的"酒神颂歌"，尼采也说了，是他自己的《查拉图斯特拉如是说》第二部的"夜歌"。参看尼采：《查拉图斯特拉如是说》，孙周兴译，商务印书馆，2023年，第137页以下。

给出了如下四个证据：第一，20世纪60年代以来，音乐成了年轻人的身份标志，出现了一种"音乐狂热"，这与近五十年大众音乐复制技术相关；第二，由于存在一个卓越的存储器，音乐在传播网络中充当基本组织者功能，也是资本循环的主要参与者；第三，音乐作为社交新形式发挥作用，已经成为年轻人的主要社交方式；第四，在消除"差异美学"方面，音乐起到了十分重要的作用，在音乐中引入了"非差异美学"，它与品味的民主化和多样化一致。[1]巴迪欧这里所谓的"差异美学"指的是传统美学的审美等级制，即认为在艺术与非艺术之间存在着可理解的

---

1. 巴迪欧：《瓦格纳五讲》，第11—13页。阿达利也断言："声音比影视更具渗透、爆破力量。"但他的论证是不免粗率的。

边界和可传达的标准；而所谓"非差异美学"，实际上就是当代艺术的去边界化要求。

在声音与图像之间，在音乐艺术与图像艺术之间，我们恐怕真的轻视了声音和音乐艺术，我们多半只关心通过技术复制和影视媒介造成的图像泛化。巴迪欧的上述论证是成立的。而且，巴迪欧同样也把自己的论点追溯到了瓦格纳："如果音乐在当今世界扮演着十分重要的审美角色，那么瓦格纳可以被认为是这一现象名副其实的先驱。"[1]

这是一个当代哲学家的判断。然而，在音乐界和音乐理论界，我们却能听到不一样的声音。德国音乐家拉赫曼的断言是："音乐死了"——这个断言类似于在架上绘画领域

---

1. 巴迪欧：《瓦格纳五讲》，第 14 页。

里，人们宣告"绘画死了"，也类似于哲学界的人们说"哲学死了"。我们知道，20世纪差不多是一个"终结"（Ende）世纪，人们宣扬和热议"艺术的终结""哲学的终结""历史的终结"，甚至于"人的终结"。凡此种种，并不是要搞笑，而是对时代的根本变局的传达。所有这些"终结"言说根本上都要溯源于19世纪后期尼采所谓"上帝死了"，宣示的是"人类世"（anthropocene）的根本特征，即我所谓的"自然人类文明"向"技术人类文明"的一个巨大转折。[1]

音乐当真死了吗？如果我们恪守传统"音乐"概念，我们当然只能得出这样一个结论，情形就如同传统绘画的命运。正如中

---

1. 关于"人类世"及其意义，可参看孙周兴：《人类世的哲学》，商务印书馆，2020年。

国学者韩锺恩指出的那样，20世纪音乐"几乎完全抛弃了支配调整性、节奏和曲式的惯用原则"，甚至抛弃了自11世纪开始成型的西方音乐四大要素，即"作曲取代即兴表演""记谱法""秩序的原则""复调音乐"等，在这四项当中，除"复调音乐"外，其余三项已经面目全非。于是，"人们实际上就是置身在一种无歌唱性旋律、无抒情性曲调、无表现性主题的处境当中"。[1] 这个论断是虚无主义式的，把"音乐之死"归因于意义沦丧。

---

1. 韩锺恩：《音乐意义的形而上学显现并及意向存在的可能性研究》，第132—133页。韩锺恩试图探究"音乐之死"的根源，在他看来，"音乐死了"的原因在于"语言不在了"，实即人们没有了可供普遍遵守的有效规则，进入"失语""无语"和"空语"状态了。这种观点是深刻的，但同时必须看到，作者的立场是趋于保守的。

在韩锺恩看来，音乐死，音响出场，"无所负载的音响媒介被空前关注"。[1]

然而，如果从瓦格纳的"总体艺术作品"（Gesamtkunstwerk）概念与博伊斯的"通感艺术"和"扩展的艺术概念"出发，我们今天必须重新思考音乐和声音艺术问题，我称之为"音乐的扩展"或"音乐概念的扩展"。这种"扩展"主要有两个方面：

其一，"音乐的扩展"之一是突破"音乐"的边界，进入"总体音乐"或者更应该说"声音艺术"之中。问题在于，乐音与噪音的边界何在？其实瓦格纳已经提出这个问题。在当代艺术中，这个问题类似于作品与

---

1. 韩锺恩：《音乐意义的形而上学显现并及意向存在的可能性研究》，第133页。

32

现成品的边界问题。如我们所知，自从 1917
年杜尚的作品《泉》以来，这个问题似乎已
经得到了解决。瓦格纳率先通过"不谐和音"
完成了音乐（听觉艺术）的边界突破，继而
从 20 世纪初未来主义的噪音艺术开始，艺术
家实践了声音设计、声音表演、声音雕塑、
声音装置等多样的声音艺术创作。在这方面，
贾克·阿达利（Jacques Attali）的观点最显激
进，他试图揭示音乐中的政治权力关系，认
为整部音乐史就是噪音被转化和调谐为音乐
的历史，也是通过传播创造出新社会秩序的
政治经济史。音乐"让大众遗忘，让大众相
信，让大众沉寂。……音乐是权力的工具"。[1]

---

1. 贾克·阿达利：《噪音——音乐的政治经济学》，宋素
   风等译，上海人民出版社，2000 年，第 47 页，及该
   书第 3 页（廖炳惠撰写的导读）。

其二，"音乐的扩展"之二是突破音乐——更应该说"声音艺术"[1]——与其他艺术样式的界限，成为作为"总体艺术"或"通感艺术"的当代艺术的组成部分。问题可表达为：音乐与其他艺术样式的边界何在？当代声音装置、声音雕塑、跨媒实验音乐等已经有了这种追问和实践。无疑，当代声音艺术乃是当代艺术的重要组成部分，也在很大程度上完成了瓦格纳的"总体艺术作品"的理想。

———————

1. 美国艺术家威廉·海勒曼（William Hellerman）于1982 年成立"声音艺术基金会"，于次年在纽约雕塑中心举办"声音 / 艺术"展览，首次使用"声音艺术"（Sound Art）概念。海勒曼的"声音艺术"主要是在声音装置艺术或者声音可视化的意义上来讲的，主张"听觉为另一种形式的视觉"。不过，我们在此使用的"声音艺术"是在瓦格纳的"声音艺术"或"音响艺术"意义上讲的，因此具有更广泛的意义。

四、瓦格纳与声音艺术问题

本文原本设定的主题是"瓦格纳与声音艺术问题"。我们最后要回到这个主题上。瓦格纳在艺术上是无可回避的人物，因为在我看来，瓦格纳的创作和思想涉及现代和当代艺术的四大命题，即艺术的革命性、神话性、总体性、现代性。就此"四性"而言，瓦格纳不仅像尼采所断言的那样，成了一个现代性的"案子"(Fall)，同时也是——更是——当代艺术的先驱人物。通过瓦格纳的革命性努力，音乐率先完成了当代化，成为一种当代艺术或者说当代艺术的重要组成部分。

我们还需要做一个总结。关于瓦格纳与当代音乐，我们可以引申和形成如下几个哲学问题或主题：

第一，听觉和听觉艺术的地位问题。在听与看、听觉与视觉、耳与眼之间一直就有高低之争。如上所述，欧洲主流文化是哲学和广义科学中表现出来的视觉中心主义，所谓向日式文化和向日思维。柏拉图的"洞穴隐喻"就是一个"太阳喻"或者"向日思维喻"。苏格拉底—柏拉图以后，一个文化等级的传统得以确立：哲学高于艺术；同样确立的还有一个艺术等级的传统：造型艺术／视觉艺术高于听觉艺术及其他艺术样式。这两个传统几乎贯穿了相对稳定的自然人类文明史。正如我们在本文第一节里讨论的，眼之优势和视觉中心的传统是自然而然的，是有身体—自然的发生根源的。但知识／科学占支配地位的文明史的定式习惯也加强了这个传统。

然而，自19世纪中期以来，这种植根于

主流哲学 / 形而上学（柏拉图主义）的视觉中心主义传统不断受到怀疑和批判。瓦格纳是第一个艺术家—哲学家或音乐哲人，他首先质疑了视觉中心传统，不仅转而主张音乐或声音艺术相对于绘画或图像艺术的突出地位，而且认为声音才是精神的表征，才是心灵的直接通道。当代声音艺术当然不只是为弱势的听觉和声音正名，主张它与视觉和观看的平权地位，而是要进一步颠覆传统视觉中心主义，把"看"与"听"的关系倒转过来。正如贾克·阿达利所言："两千五百年来，西方知识界尝试观察世界，未能明白世界不是给眼睛观看的，而是给耳朵倾听的。世界不能被看见，却可能被听见。"[1]

---

1. 贾克·阿达利:《噪音——音乐的政治经济学》，第 11 页（译文有改动）。

第二，非主体性艺术及非主体主义美学问题。与上述看与听的关系问题相应，出现了非主体性／非主体主义问题，这在当代艺术中尤其成为一大难题。在哲学史上，这个问题首先与20世纪初出现的现象学有关。现象学认为，事物的意义／存在既不在于物本身（自在之物），也不在于作为认识者的主体（为我之物），而在于事物与人的关联，或者说事物是在何种关联语境中给予我们的（关联之物）。处境／语境／世界决定了事物以何种方式给予我们。这就为克服在近代产生、在现代走向极端的主体主义准备了可能性条件。

海德格尔发展了胡塞尔现象学的关联意义和关联境域之说，进一步认为艺术是"真理"——解蔽／揭示意义上的"真理"

（Aletheia）——发生的基本／原初方式，而这种发生根本上是"存在之真理"（即澄明与遮蔽之争）向"存在者之真理"（即天与地之争）的实现。就此而言，人不是主体，物不是对象；或者说得更温和一些，人不只是主体，物不只是对象。若然，一种非主体主义或后主体主义的艺术理解出现了。那么，在主要由现象学开启的非主体主义美学视域中，什么是创造？什么是艺术？谁是艺术家？这些问题在当代艺术中被不断追问和争议。

在一个依然强调艺术家的主体性和个体性的时代里，艺术中的非主体主义是一个很少获得同情和理解的命题。艺术家总是习惯于认为自己是积极主动的，是最有主体性的；人们甚至习惯于认为，创作就是天才之举。暗潮浮动之下，人们依然只关注显赫可观之物。但实际上，听和听觉地位的上升及看与听之间的关系的逆转，本身就意味着主体性的下降和主体主义姿态的弱化。与积极进取和进攻的"看"不同，归属性的"听"具有接受和应合的非主体性特征。海德格尔喜欢强调德语中的"听"（hören）与"归属"（gehören）的同根性，不是没有道理的。在他玄奥莫测的语言之思中，海德格尔曾讨论过"说""听"——作为"听"的"说"——的"归属性"："人说话，是因为人应合于语言。这种应合乃是倾听。人倾听，因为人归属于寂静之指令。"[1]撇开他的语言—存在之论不说，海德格尔在此大抵是想强调："听"这种"归属"对"存在历史"（Seinsgeschichte）

---

1. 海德格尔：《在通向语言的途中》，第 27 页。

的"另一开端"来说是一种必然的姿态。

第三，声音/听觉与颜色/视觉的根本问题。瓦格纳的"声音"新概念让我们重新思考声音与颜色、听觉与视觉的关系问题，这种思考明显含有文化哲学和艺术哲学的意义；但不止于此，这里还涉及一个声色世界的创生和起源问题，那是一个更原初、更深邃的存在论问题。这就是说，声音/听觉与颜色/视觉之间不只有一个孰强孰弱的地位问题，还涉及声色世界的存在论之维。

那么，声音/听觉与颜色/视觉的根本问题是什么？现象学哲学家莱斯特·恩布里（Lester Embree）给出了一个有趣的提示："在黑白和彩色的颜色之间有一种区别，而在寂静和声音之间也有一种类似的区别。但

图四　詹姆斯·惠斯勒《黑色与金色的夜曲：飘落的烟花》(1875 年)

是聆听寂静是最类似观看黑色的……"[1]由此我们或许可以猜度，声音的根本问题是"寂声"，或可简为"寂"，而颜色的根本问题是"黑色"，或可简为"黑"。"寂"与"黑"是对声色世界的原初存在论规定。

声音上的"寂色／寂"与颜色上的"黑色／黑"是前科学—前理论的声色经验。拿颜色来说，古典时代的亚里士多德就认为，颜色是由光亮与黑暗——光与影——混合而成的。亚里士多德这种想法是"非科学的"或者说"前科学的"，而不是后世牛顿的科学的颜色理论。海德格尔径直反对牛顿式的科学颜色观，明显含有回归自然朴素的颜色

---

1. 莱斯特·恩布里：《现象学入门——反思性分析》，靳希平等译，北京大学出版社，2007年，第49页。

经验的意图。至于声音，海德格尔在其语言之思中提出"寂静之音"，以此来思入声音的根本之维即"寂声"。无声的"寂"与无色的"黑"涉及声色世界的虚无境界，而听"寂声"与观"黑色"同样触及人类感知的边界。[1]

---

1. 更详细的讨论可参看本书第三章。

第二章
我们如何得当地谈论颜色？[1]
——关于维特根斯坦的《论颜色》

在关于颜色的笔记（《论颜色》）中，维特根斯坦一方面反对传统本质主义／科学主义的颜色观，特别是物理学家牛顿的颜色理论，另一方面同情又不满足于诗人歌德的颜色学说，转而尝试颜色探讨的第三条道路，我们

---

1. 系作者为维特根斯坦的《论颜色》写的译后记，载维特根斯坦：《论颜色》，孙周兴译，商务印书馆，2022年，第 93 页以下；扩充修订稿刊于《文艺研究》，2023 年第 6 期。收入本书时有几处改动。

可名之为"现象学—语言哲学的颜色论"。维特根斯坦的《论颜色》并没有告诉我们颜色是什么，而是留下了一个开放的和不定的结论，揭示了颜色的不确定性和颜色感知的不确定性。而正是在这双重不确定性中，维特根斯坦追问：我们如何得当地言说颜色？

一、维特根斯坦的颜色论

路德维希·维特根斯坦（Ludwig Witt-genstein，1889—1951）在人生的最后十五个月里，居然是在研究颜色问题，做了一本笔记《关于颜色的评论》（我们把它简译为《论颜色》）。这是令人惊叹的。要知道这位哲人此时已经患了胰腺癌，得此恶疾者，最后差不多是被活活饿死的，身心皆极为痛苦。维特根斯坦却在疾病的巨大痛楚中专注于颜色，留下这本不无奇怪的最后之书。

图五　维特根斯坦肖像

颜色是身边的日常现象，颜色／色彩时时都围绕我们，构成我们生活世界／周围世界的基本要素；颜色感知是人类的基本感知，只要不是盲人或色盲者，人人都能看见颜色。可以说我们已经太熟悉颜色了，以至于除非有奇异和猛烈的色彩刺激，我们经常对颜色无感和无视，更不会把颜色当作一个哲学专题来加以讨论。所以，历史上的哲学家附带谈颜色者不在少数，但形成专论者却是不多的。

在欧洲近代知识谱系里，深入讨论过颜色的重头人物大概只有两位，一是物理学家牛顿，二是诗人歌德。[1] 这两位的身份已经决定了他们处理颜色问题的不同路径，牛顿

---

1. 关于颜色 / 色彩的探讨至少在三个方向上，一是哲学，二是艺术，三是物理（光学），三者又是相互纠缠在一起的，因此，有关颜色理论和颜色科学的研究文献是极为丰富的。但系统梳理欧洲颜色理论谱系并非本文的任务，本文因题旨所限，从维特根斯坦的颜色哲学出发，仅涉及维氏特别关注的牛顿的和歌德的颜色学说。

提供给我们物理的或科学的颜色观，而歌德则采取了一种偏文艺的颜色谈法。牛顿的颜色理论已经是现代人的常识组成，歌德的颜色学说却一直不受到重视——想来这是十分自然的事。而在牛顿和歌德之前，颜色理论史上经常被提起的是古希腊哲学家亚里士多德；在牛顿和歌德之后，就我们所见，论述颜色问题的大学者，恐怕就要数这位维特根斯坦了。

那么，对哲学家维特根斯坦来说，颜色问题到底是个什么问题呢？维特根斯坦与牛顿一样，为我们提供了一种颜色理论吗？抑或与歌德一样，他为我们端出了另一种颜色理解？又或者像一些论者认为的那样，他只是借题发挥，表面上是在谈论颜色，实际上却是要表达自己的哲学观点？维特根斯坦在

《论颜色》中提到了牛顿，但更多地讨论了歌德及与歌德有关的伦格[1]和利希滕贝格[2]，他是反牛顿的还是反歌德的呢？抑或谈不上"反"，而只是偏向于牛顿或者歌德？——这些都还是成问题的。

有鉴于此，为了理解维特根斯坦的《论颜色》，我们恐怕得简单梳理一下有关颜色的

---

1. 菲利普·奥托·伦格（Philipp Otto Runge，1777—1810）：又译"龙格"或"朗格"，德国浪漫主义画家，歌德的好友，曾与歌德通讯讨论颜色问题。伦格认为，颜色是自然的结果，蓝色、黄色和红色象征基督教的三位一体，蓝色象征上帝和夜晚，红色象征耶稣、早上和晚上，而黄色象征圣灵。参看 John Gage, *Colour and Culture: Practice and Meaning from Antiquity to Abstraction*, London: Thames and Hudson, 1995, p.194。
2. 利希滕贝格（Lichtenberg，1742—1799）：18世纪下半叶德国的启蒙学者，杰出的思想家、作家和物理学家。

知识谱系。我们这里先来谈牛顿的颜色理论，再来议论歌德的颜色学说，然后聚焦于维特根斯坦的颜色论——我们要借着维特根斯坦来追问：我们如何得当地谈论颜色？

二、牛顿 vs 歌德

通常人们谈论的是牛顿的"色彩理论"，而少有人说牛顿的"颜色理论"。这就立即让我们碰触到了一个问题：汉语中"颜色"与"色彩"有何区别？或可问：到底是"颜色"还是"色彩"？这是我们首先要加以澄清的。德语 Farbe，英语 colour，是一个单词，其实我们完全可以把它对译为汉语的"色"，但在现代汉语中，它既被译为"颜色"又被译为"色彩"——这多少与现代汉语偏重双音节词有关。颜色与色彩，在我们这里大约是分不开来的。有一个说法是，颜色与色彩之别类似于声音与音乐之别。这个说法有一定的意思，它至少可以提示我们一点，即颜色要比色彩更广义些。

然而并非原本如此。汉语的"颜色"的古义是"脸色"，似乎是比较狭义的，但后来获得了越来越多样的含义，盖有"脸色、神色、姿色、面子、色彩、颜料"等。比如，中国古代小说里有"这女子有几分颜色"之类的说法；我们甚至于说"等着，我给你点颜色看看"，但似乎没人会说"我给你点色彩看看"——如果后一种说法也成立，那意思当然不是我要教训一下你。"颜色"是一个有丰富含义的词语。不过在现代化的汉语中，"颜色"一词其实又被简化或者说被固化了，慢慢变成了主要表示一种物理性质的词语。

古代汉语的"色彩"的本义倒是更具有"色"义，是更合乎德语 Farbe、英语 colour 的意义的。"色彩"一词由"色"与"彩"合成，黑、白、玄为"色"，青、黄、赤为"彩"，合为"色彩"，故为"六色"。所以就其本义或古义而言，"色彩"可能是德语 Farbe、英语 colour 的更佳对译词。但在现代汉语的用法中，"色彩"似乎被赋予了更多的艺术性和修饰性，从而也在一定程度上被狭窄化了。比如在美术上，人们一般不说"颜色"而说"色彩"，甚至专门设立了"色彩学"这样一门学问。

平常我们大抵并不对"颜色"与"色彩"加以区分，我们有时候会说"颜色"，有时候也说"色彩"，似乎也并不妨碍理解和交流。

但要细究起来，在现代汉语的语感中，事情大概已经被颠倒过来了，"颜色"的含义要比"色彩"更广阔一些，原因恐怕也在于上面讲的"颜色"获得了现代科学的加持，成了主要表示一种物理性质的词语。因为"颜色"可分为无彩色系与有彩色系，无彩色系指白色、黑色和由白色与黑色调和形成的各种深浅不同的灰色；而由红、橙、黄、绿、青、蓝、紫等颜色构成的有彩色系就相当于我们通常说的"色彩"了。[1]

与中国古人关于"色"与"彩"的含混区分和议论有所不同，物理学家牛顿启动了

---

1. 无彩色系的颜色只有一种基本性质——明度。它们不具备色相和纯度的性质，也就是说，它们的色相与纯度在理论上都等于零；有彩色系的颜色具有三个基本特性：色相、纯度（也称彩度、饱和度）、明度，在色彩学上也称为色彩的三大要素或色彩的三属性。

关于颜色的精确实验研究。1666 年，牛顿做了一个著名的色散实验（即棱镜实验）："把我的房间弄暗，在窗板上钻一个小孔，让适当量的日光进来。我再把棱镜放在日光入口处，于是日光被折射到对面墙上，当我看到由此而产生的鲜艳而又强烈的色彩时，我起先真感到是一件赏心悦目的乐事……"[1] 这是牛顿自己给出的一个报道。牛顿后来又做了好些个实验，力图证明光谱颜色复合而形成白光。这就是说，自然光通过棱镜分解为红、橙、黄、绿、青、蓝、紫七种单色光（光谱色），而后者又可以合成自然光。这就是牛顿的"色散原理"。

———————

1. 沃尔夫：《十六、十七世纪科学、技术和哲学史》上册，周昌忠等译，商务印书馆，1991 年，第 304 页。

颜色是物体的颜色，物体的颜色是由于物体表面对光线的折射而成的，通常认为牛顿这个结论相对于古代亚里士多德的颜色观来说构成了一大进步。[1]亚里士多德认为，颜色是由光亮与黑暗——光与影——按照不同比例混合而成。亚里士多德这种想法是朴素自然的，基于自然人类的习常感知，但未必是"科学的"。牛顿的颜色理论第一次对颜色现象做了"科学的"处理，其颜色观是他的光学的组成部分。科学有其短板，牛顿的颜色理论的主要问题恐怕在于明显的还原主义或简化主义色彩。[2]实际上，把自然光还

1. 沃尔夫：《十六、十七世纪科学、技术和哲学史》上册，第 309 页。
2. 这种对颜色的还原主义的另一个方向是生物学的研究，科学家把各种颜色现象归结为基于视网膜上光活化细胞的四种类型，"三种在明亮光线感应区（转下页）

原为七种单色光就是成问题的，也是不无含混的，一直以来都是有争议的。为什么光谱色一定是七色呢？据说牛顿开始时主张的是十一色，最后基于宗教上的考虑（上帝创世）才定为七色（这在今天看来就十分搞笑了）；其他一些科学家也有主张六种色的，即由红、橙、黄、绿、蓝、紫六色组成，因为青色光与蓝色光的波长界限差值一直都未能准确测定，所以有人主张要"去青存蓝"，改为六色。

但无论如何，我们都必须承认的一点是，牛顿的颜色理论早已获得了巨大的成功，如

（接上页）的分别对红、绿、蓝三原色之一敏感的锥形细胞类型，以及一种在暗光线感应区的杆状细胞的单一类型（即各自归为明视觉和暗视觉）"。参看罗伯特·兰札、鲍勃·伯曼：《超越生物中心主义》，杨泓等译，湖南科学技术出版社，2017年，第142页。

今已经成为全球人类的"常识"和"习惯"了——我们认为，红、橙、黄、绿、青、蓝、紫七种光谱色是天经地义、与生俱来的，没有人愿意怀疑和否定这种"基本知识"；我们中国人甚至已经差不多忘掉了古人的"黑、白、玄""三色"和"青、黄、赤""三彩"。这委实是科学——欧洲科学——的胜利，甚至也表征和体现了语言的规定力量。通过牛顿对颜色的科学命名，人类感知经验被固化了。

诗人歌德于1810年出版了长达1000页的《颜色学说》(*Zur Farbenlehre*)，其主要目标针对牛顿的颜色理论。歌德这样写道："……由于我们充分相信，颜色不是来自光的划分，而是来自外部条件的进入，这些外部条件以各种经验形式表达出来，诸如昏暗、阴影、边界；因此我们预计，为了把有条件的、昏暗化的、被遮蔽的、被蒙上阴影的光以及这一切条件都描述为纯粹的白光，为了从各种深色中混合出一种明亮的白色，牛顿将不得不做出奇怪之举。"[1]歌德也做了棱镜实验，而且还指责牛顿不会做实验（岂非笑话么？），但从近代光学和物理学角度来看，不会做实验的当然是歌德，歌德的棱镜实验恐怕只是装装样子，自然发现不了牛顿式的色散原理，即由棱镜分解出来的七色光谱。不过，当歌德把三棱镜直接对准窗外来观察阳光时，竟发现窗户两侧出现了几种色光，他于是推断，棱镜反映的颜色并不是白光的分

---

1. Johann Wolfgang von Goethe, *Zur Farbenlehre*, Sämtliche Werke, Bd. 23/1, Shanghai: Shanghai Foreign Language Education Press, 2016, S.418.

解，而是光亮与黑暗——光与影——的碰撞。光亮与黑暗通过半透明介质相互混合产生了颜色。但以这样一种想法，歌德实际上又回到了亚里士多德。与亚里士多德的区别可能只在于，歌德把光亮、黑暗和半透明介质称

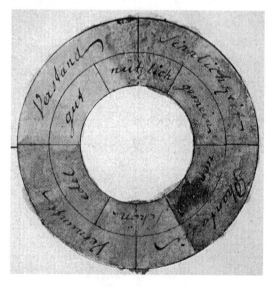

图六　歌德色轮

为"原始现象"（Urphänomene），而各种颜色就是"原始现象"的显现形式。[1]

　　歌德与牛顿的区别则是根本性的，可以说是艺术与科学之分野。如上所述，牛顿的颜色理论是还原主义的，他的色散实验的结论是，白光是由七种单色光复合而成的；而歌德的观点刚好相反，他认为白光不是复合光，白光是他所谓的"原始现象"，其他色彩才是复合的。从光明与黑暗——光与影——的二元性角度看颜色，不仅是与亚里士多德相类似，而且与艺术特别是近代绘画的光色观相关。与牛顿致力于把颜色还原为物理事实并且最终落实于光波数学模型的科学说明不同，歌德的颜色学说反对还原主义，希望

---

1. Johann Wolfgang von Goethe, *Zur Farbenlehre*, S.81.

提供出一种对颜色现象的发生—系统的理解和描述。如果说牛顿的颜色理论是"分析的",那么,歌德的学说则是"综合的"。

在科学主义时代里,牛顿的颜色理论当然占据着中心的真理之位,在科学的颜色理论浸入日常生活成为人们的习惯眼光之后,歌德的另类颜色学说就势必成为一个笑话,他对牛顿颜色理论的批评竟一直被认为是"臭名昭著的"攻击。然而公允而论,歌德的颜色学说是受到了不公正的待遇,甚至于被无情地蔑视了,而这无疑是与艺术人文学(传统人文科学)在近世被不断边缘化的趋势一体的。至20世纪,这种情况才有所改变,我们才看到一些持平之论。比如德国物理学家海森堡(Werner Heisenberg)指出:尽管牛顿的颜色理论影响深远,但"歌德的色彩理论在艺术、生理学和美学的很多方面，都结出了硕果"。"歌德反对物理颜色学的斗争，今天还必须在扩大的战线上继续下去。"[1]

如果说歌德的颜色学说反对的是牛顿，那么，维特根斯坦的笔记《论颜色》的主要对话伙伴则是歌德，这是因为他于1950年在病中阅读了歌德的《颜色学说》，后者重又唤起了他对颜色问题的兴趣。在《论颜色》笔记中，维特根斯坦共有20处直接提到了歌德之名——要知道这位哲学家的写作是很少参引他人的。关于歌德的颜色学说，维特根斯坦给出的一个总体评价如下：

---

1. W. 海森堡：《严密自然科学基础近年来的变化》，《海森堡论文选》翻译组译，上海译文出版社，1978年，第70页。

歌德关于光谱颜色构成的学说并不是一种已经被证明为不充分的理论，而毋宁说，它根本就不是一种理论。这个学说不能预言任何东西。它更多的是一种模糊的思想模式，我们可以在詹姆斯的心理学中找到这种思想方式。也没有任何 experimentum crucis［决定性实验］，可以来决定赞成或反对这种学说。[1]

维特根斯坦的这个评价虽然看起来不算正面，甚至在某种意义上好像是贬低的（说它"根本就不是一种理论"），但我认为，他其实给出了一个十分到位的评价。歌德的颜

---

1. Ludwig Wittgestein, *Bemerkungen über die Farben*, I-70, in: *Werkausgabe*, Bd.8, Frankfurt am Main: Suhrkamp, 1997, S.27.

色学说当然不是一种"理论"，其中是没有强逻辑论证的，也不可能有所谓的"决定性实验"，因为它不是科学—理论层面上的讨论，而毋宁说是一种非科学的艺术视角的探讨，维特根斯坦命之为"一种模糊的思想模式"应该是完全恰当的。也正因此，维特根斯坦写道："就我所能理解的，一种物理学理论（诸如牛顿的理论）不可能解决歌德所推动的问题——尽管他自己并没有解决这些问题。"[1]

维特根斯坦显然看到了歌德与牛顿在颜色理解上的根本分歧和不同路径。牛顿说白色或白光是由七种光谱色复合而成的，是一种复合色或者混合色，歌德却认为牛顿把事

---

1. Ludwig Wittgestein, *Bemerkungen über die Farben*, III-206, S.84.

情搞反了，白与黑、光与影才是基本的，其他颜色则是由此衍生的、混合的。维特根斯坦似乎两边都不赞成，但总体上是倾向于歌德的。维特根斯坦写道："歌德清楚地知道一点：由黑暗不可能组成任何光亮——就像从越来越多的阴影中不可能产生任何光明。不过，这一点可以这样来表达：举例说，如果人们把紫色称为一种'带红色的—带白色的—蓝色的'，或者把褐色称为一种'带红色的—带黑色的—黄色的'，那么，人们现在就不能把一种白色称为一种'带黄色的—带红色的—带绿色的—蓝色的'（或者诸如此类）。还有，甚至牛顿也不能证明这一点。白色并非在此意义上是一种混合色。"[1] 维特根斯坦

1. Ludwig Wittgestein, *Bemerkungen über die Farben*, III-126, S.66.

这里表达的意思还是比较清楚的，主要是反对牛顿的还原主义颜色理论，后者其实就是颜色理论中的本质主义。那么对于歌德的颜色学说呢？我们需要注意，在否定白色是一种"混合色"这一点上，维特根斯坦是与歌德站在一起的。维特根斯坦也看到了歌德对颜色现象的系统的形态学描述的现象学倾向，认为"现象学的分析（例如就像歌德想要做的那样）乃是一种概念分析，可能既不赞同也不反对物理学"。[1] 这是一种另类的概念分析，它与物理学无关，是一种与物理学完全异质的颜色分析。"谁若同意歌德，他就会发现，歌德正确地认识了颜色的本性。而且，在此，本性（Natur）不是从实验中出现的东

---

1. Ludwig Wittgestein, *Bemerkungen über die Farben*, II-16, S.37.

西，而不如说，本性包含在颜色概念中。"[1]

　　这时候，维特根斯坦莫名其妙地来了一句断言："尽管没有现象学，但很可能有现象学的问题。"[2]这话是什么意思呢？一般认为这是维特根斯坦的自我批判，即他放弃了自己中期哲学中短暂的颜色现象学立场，但从我们前面的引文和论述来看，他这话显然也是针对歌德的颜色学说的。

三、颜色概念的非同一性逻辑

　　维特根斯坦关于颜色的讨论的基本结论

1. Ludwig Wittgestein, *Bemerkungen über die Farben*, I-71, S.28.
2. Ludwig Wittgestein, *Bemerkungen über die Farben*, I-53, S.23.

在于"颜色相同性概念的不确定性",他有一节文字说:"我们在思考颜色的本质时感受到的困难(歌德想要在颜色学说中处理这些困难)已经包含在我们的颜色相同性概念的不确定性之中了。"[1] 而"颜色概念的不确定性首要地在于颜色相同性(Farbengleichheit)概念的不确定性,也就是颜色比较方法的不确定性"。[2] 维特根斯坦的这一想法不难了解,所谓"颜色相同性"只是"相同性/相似性"(Gleichheit),而不是"同一性"(Identität)。没有一种"同一的"颜色,意思就是说,没有"红""黄""蓝"等的本质

---

1. Ludwig Wittgestein, *Bemerkungen über die Farben*, I-56, S.24.

2. Ludwig Wittgestein, *Bemerkungen über die Farben*, III-78, S.56.

同一性，只有"相同的／相似的""红"而没有抽象的绝对的本质的"红"。

这让我们想到现象学哲学家胡塞尔对传统抽象理论的批判。无论是传统理性主义哲学还是经验主义哲学，在观念—本质的普遍性要求方面其实是一致的，都主张观念—本质是通过抽象获得的。比较而言，经验主义者的抽象理论更具代表性，即认为观念—本质是通过对尽可能多的样本的比较，然后抽取其共同特征而获得的。胡塞尔认为这是完全不讲理的，因为任何比较都需要预先的"标准"，才有可能收集被比较的各个样本，而这个"标准"已经是某个普遍本质（即"观念"）了。比如，如果没有"红"的观念，我们不可能完成对各个"红"的样本的收集，我们怎么可能把各种具有不同色差的红色事物放在一起进行"比较"呢？不过，虽然胡塞尔反对传统抽象理论，但他只是否定传统抽象理论关于观念的来源问题的解答，而并不否定普遍的观念—本质。

维特根斯坦会完全同意胡塞尔对传统抽象理论的批判，如他所言："但也有这样一些人，他们会自然而然地一贯地使用'带红色的绿色'或者'带黄色的蓝色'之类的表达，而且〔他们〕在此或许也会显露出我们所没有的能力，即使这样，我们依然不会被迫承认，他们看见我们看不见的颜色。对于一种颜色是什么，毕竟没有一个普遍承认的标准，除非它是我们的一种颜色。"[1]然而同时，维

---

1. Ludwig Wittgestein, *Bemerkungen über die Farben*, I-14, S.16.

特根斯坦不会接受胡塞尔另起炉灶式的另一种抽象，即所谓"观念直观的抽象"。如果说胡塞尔是一个半拉子的本质主义批判者和解构者，那么，维特根斯坦就是一个彻底的解构论者了，观念世界当然在，但只有"相同的—相似的"观念，而没有"同一的—绝对普遍的"观念。这是跟他的语言游戏的"家族相似"说相一致的。

就此而言，我们不可能指望维特根斯坦为我们提供一种关于颜色的抽象理论，在维特根斯坦那里是不可能有一种传统意义上的"颜色理论"的。一段经常被引用的文字表明了维特根斯坦本人对颜色理论的拒斥及他的工作性质："我们不想寻找任何颜色理论（既不是一种生理学的理论，也不是一种心理学的理论），而是要寻找颜色概念的逻辑。而且，这种逻辑完成了人们往往错误地期望一种理论能提供的东西。"[1]

维特根斯坦这里所谓的"颜色概念的逻辑"是何种逻辑呢？如我们所知，维特根斯坦后期哲学是一种"反哲学"，一种"反理论的理论"，但为什么他说这种"逻辑"完成了传统颜色理论不可能完成的东西呢？其实所谓"反理论的理论"这种自相矛盾的表述恰好传达了我们时代哲学的困境，即我们大概只能用理论化的语言去讨论也许无法被理论化或者无法完全被理论化的课题对象，因为我们的各种语言都被理论化和科学化了，比较之下，也许只有日常语言的被理论化程度

---

1. Ludwig Wittgestein, *Bemerkungen über die Farben*, I-22, S.18.

相对较低些（当然还有诗性文艺语言）——这恐怕也是维特根斯坦后期转向日常语言哲学的动因之一？我更愿意使用的术语是"弱论证"，我以为，面对今天这个碎片化和多样化的生活世界，我们的哲思需要降低论证要求，从传统哲学的"强论证"方法中退出来，进入"弱论证"的思想方式。[1]

有鉴于此，我们也许有理由说，维特根斯坦的"颜色概念的逻辑"是一种"非逻辑"或者说"非逻辑的逻辑"；更干脆一点讲，我们可以把维特根斯坦的"颜色概念的逻辑"视作一种"非同一性逻辑"。

---

1. 可参看孙周兴：《没有论证，何以哲学？》，载《中国社会科学评价》，2020 年第 1 期。

四、我们如何得当地谈论颜色?

初读《论颜色》,它给人的一个感觉是,维特根斯坦在其中没有形成和提出自己关于颜色问题的明确观点和见解,也即如我们上面所言,没有提出一种传统意义上的"颜色理论",而是借题发挥,只是在讨论——更应该说实践——自己关于意义即用法、语言游戏等语言哲学观点。这大概是没错的。但如果我们承认"反理论的理论"也依然是一种"理论",那么我们就不得不认为,维特根斯坦的《论颜色》有可能构成颜色理论的"第三条道路",堪与牛顿的"颜色理论"和歌德的"颜色学说"相提并论。长话短说,我认为维特根斯坦的《论颜色》在解构与建构两个方面都值得我们关注。

一方面是基于语言游戏说对传统颜色理论的解构。如前所述，维特根斯坦的《论颜色》反对传统颜色理论中的本质主义，特别是反对牛顿的物理光学意义上的还原主义的颜色理论，并且以"颜色相同性概念的不确定性"来表达其坚定的解构论立场。在这一点上，我愿意重复和强调的是，维特根斯坦的立场是更偏向于诗人歌德的，但他显然也认为，歌德具有现象学色彩的颜色学说根本上依然具有本质主义的立场，就如同他自己曾经有过的颜色现象学研究一样。

维特根斯坦对传统颜色理论的解构仍旧是从他的语言游戏说出发的，也可以说是在颜色问题上再次确认了他的语言游戏说。在《论颜色》笔记的开头第一条，维特根斯坦这样写道：

一种语言游戏：报道一个特定的物体是比另一个物体更亮还是更暗。——不过，现在有一个相似的语言游戏：陈述一些特定色调的亮度关系。（这是要比较：确定两根棒的长度的关系——以及确定两个数字的关系。）——这两种语言游戏中的句子形式是相同的："X 比 Y 更亮。"但在第一种语言游戏中，说的是一种外在的联系，句子是时间性的，而在第二种语言游戏中，说的是一种内在的联系，句子是无时间性的。[1]

维特根斯坦分明看到了颜色概念的语言游戏的两种方式，一是经验的—实质的，二

---

1. Ludwig Wittgestein, *Bemerkungen über die Farben*, I-1, S.13.

是逻辑的—形式的。这是我们关于颜色的谈论的两种方式，相当于胡塞尔区分的普遍化的两种方式，即总体化和形式化。总体化达到的普遍性是相对的，是经验性的和实质性的，按维特根斯坦的说法是"时间性的"，它是具体经验科学的普遍化方法；而形式化达到的普遍性则是绝对的，是纯抽象的和纯形式的，按维特根斯坦的说法是"无时间性的"，它是起于古希腊的形式科学的普遍化方法。

落实到颜色理论上来，牛顿的颜色理论试图把丰富多彩的颜色现象还原为"基本色"，最终归于数学表达即逻辑的—形式的表达；而歌德则代表了另一个方向即艺术方向的色彩理解。在科学乐观主义时代里，这两种颜色经验方式势必会相互冲突，几乎没有对话的可能性。那么，除了这两种谈法，还有第三种关于颜色的谈法吗？维特根斯坦的《论颜色》质疑了前两种谈法，试图在新的思想语境里追问：我们如何得当地谈论颜色？

解构的另一方面是建构，我们无法设想一种没有建构的解构。在这方面，维特根斯坦尝试了一种颜色感知论。颜色概念的逻辑根本上是看见/观看的逻辑。我们看到，除了颜色，维特根斯坦《论颜色》的另一个核心主题词就是"看见/观看"（Sehen）。他对看见/观看的关注和探讨同样完全可与现象学家胡塞尔相比较。什么是看见/观看呢？维特根斯坦问："我知道我看见么？"[1]按照胡塞尔的说法，当我看见一朵花时，我是知道

1. Ludwig Wittgestein, *Bemerkungen über die Farben*, III-329, S.109.

我在看的；这种"知道"在胡塞尔那里被看作内感知，内感知与外感知是同时发生的，而内感知才是哲学的开端。这就是说，不仅有"外观"，而且有"内看"，而且"内看 / 反观"是对"外观"这种意识行为的直观或直接把握，所以是更难也更重要的——"外观"谁不会呀？

但与胡塞尔关于感知的意向意识结构分析不同，维特根斯坦给出了一种语言哲学的分析，他追问道："如果我们说'有能看见的人'，那么，接着的一个问题是：'什么是"看见"？'还有，我们应该怎样来回答这个问题呢？通过教会追问者'看见'一词的用法吗？"[1] 怎么教？维特根斯坦在《论颜色》

---

1. Ludwig Wittgestein, *Bemerkungen über die Farben*, III-333, S.109.

中做了许多关于"看见"一词的"语言游戏",比如下面这一段描写:

　　人们能对一个盲人描写看见是怎么回事吗?——当然啰;一个盲人其实学习了许多关于他自己与看见者之间的区别。不过,我们还想对这个问题做否定的回答。——但这个问题的提出不会引人误入歧途么?对一个不踢足球的人,我们能够像对一个踢足球的人那样去描写"人们踢足球是怎么回事",也许后者能检验这种描写的正确性。那么,我们能对看见者描写看见是怎么回事吗?可是我们肯定能够向他说明什么是失明!也就是说,我们能够向他描写盲人独特的行为表现,我们可以把他的眼睛蒙起来。另一方面，我们不能使盲人变得暂时看得见；但我们蛮可以向他描写看见者的行为举止。[1]

维特根斯坦这里的问题有两个：我们能向盲人描写"看见"是怎么回事吗？我们能向看见者描写"看见"是怎么回事吗？维特根斯坦都给予否定的回答。因为对于盲人，我们只能向他描写看见者的行为举止，但盲人还是无法进行"看见"的语言游戏；而对于视力正常的看见者，我们也只能对他说明什么是"失明"，向他描写盲人的行为举止，但不可能跟他描写"看见"是怎么回事。维特根斯坦的意思是，"看见"一词的意义只在

1. Ludwig Wittgestein, *Bemerkungen über die Farben*, III-279, S.97.

不同的语言游戏中呈现出来，所以是不确定的，也是不可告知他人的。你要把某个词语的用法告知他人，就必须学会相关的语言游戏。维特根斯坦说："我不可能教给任何人一种连我自己都学不会的游戏。一个色盲者不能教给正常视力者有关颜色词的正常用法。这是真的吗？他不能向他展示游戏、用法。"[1]

那么，维特根斯坦只是揭示了颜色感知的不确定性，因此也实施了一种解构性的论辩策略吗？表面看来是的，但实际上，维特根斯坦在此把颜色概念的不确定性归结于颜色感知的不确定性，由此建立了颜色感知与颜色概念之间的关联，或者说"看"与"色"

---

1. Ludwig Wittgestein, *Bemerkungen über die Farben*, III-284, S.99.

之间的关联——虽然维特根斯坦也说"不同的'颜色'并非全都有与空间性的看见的相同联系"。[1] 不止于此，维特根斯坦还把颜色感知或者"看见"与"表达"相联系，认为"在学会区分看见与盲目之前，我们学习使用'我看见……''他看见……'之类的表达"。[2] 在"说""看""色"之间建立一种关联性，这依然是维特根斯坦语言游戏学说的基本套路。

可资比较的是法国哲学家梅洛-庞蒂的现象学感知论意义上的颜色理论。梅洛-庞蒂没有说颜色的确定性，而是追问颜色的"恒

---

1. Ludwig Wittgestein, *Bemerkungen über die Farben*, III-142, S.70.

2. Ludwig Wittgestein, *Bemerkungen über die Farben*, III-339, S.110.

常性"，他设问："应该在何种意义上说客体的颜色保持为恒常的呢？"[1] 对此问题，梅洛-庞蒂给出了一个身体现象学的答案："亮度和作为其关联物的被照亮的物的恒常性，直接取决于我们的身体处境"；而个中原因在于，"我们在某种颜色环境中的安顿以及它带来的全部颜色关系的变换，是一种身体活动"。[2] 梅洛-庞蒂的解释与维特根斯坦的学说有同调之处，因为当他把颜色感知归于身体入其处境时，他已经与维特根斯坦走到了一起，两者都已经达到了现象学语境主义的结论。

不难看出，虽然维特根斯坦在《论颜色》

---

1. 梅洛-庞蒂：《知觉现象学》，杨大春、张尧均等译，商务印书馆，2021年，第425页。
2. 梅洛-庞蒂：《知觉现象学》，第428—429页。

中否定了现象学，说"尽管没有现象学，但很可能有现象学的问题"，但他的思想策略仍然具有现象学倾向，与胡塞尔和海德格尔对"关联意义"及"关联性思维"的开拓有异曲同工之妙。维特根斯坦说："在哲学中，人们必须不仅在任何情况下都学习关于一个对象能说些什么（*was*），而且要学习人们必须如何（*wie*）言说这个对象。我们必须再三地首先学会解决问题的方法。"[1] 海德格尔同样认为，现象的意义包含着三项，即"内涵意义""关联意义"和"实行意义"。海德格尔所谓"内涵意义"或"内容意义"指的是在现象学中被经验的"什么"，"关联意义"指的

---

1. Ludwig Wittgestein, *Bemerkungen über die Farben*, III-43, S.50.

是现象被经验的"如何",而"实行意义"指"关联意义"之实行的"如何"。[1] 就此而言,维特根斯坦当然可以被视为一位现象学家。

如何得当地言说颜色?这是维特根斯坦《论颜色》笔记的一个根本追问。维特根斯坦背后有他反对的牛顿的颜色理论,更有让他欣赏又令他不满的歌德及其友人伦格的颜色学说,他尝试颜色探讨的第三条道路,我想可以称之为"现象学—语言哲学的颜色论"。这种颜色探讨是开放的和自由的,是非本质主义的,它力图超越科学还原论,同时也想与文艺的和神秘的色彩言说保持距离。而这首先是要唤醒一种敏感的颜色感觉

---

1. 参看孙周兴:《形式显示的现象学》,载孙周兴:《后哲学的哲学问题》,商务印书馆,2009年,第231页以下,特别是第243页。

力。在《论颜色》笔记中，维特根斯坦没有告诉我们颜色是"什么"，而是为我们留下了一个开放的和不定的结论。维特根斯坦有言："在每一个比较严肃的哲学问题中，不可靠性（Unsicherheit）直抵根底。/ 我们不得不总是准备好去学习某种全新的东西。"[1]

这个世界没有统一性和确定性，世上事物动荡不安，变幻莫测，我们无法给出确定的对象和对象言说。

海德格尔也早就有此觉悟了。在 20 世纪 20 年代初的早期弗莱堡讲座中，海德格尔试图重新规定"定义"："恰恰存在着这样一些定义，它们不确定地给出对象，而且正是对这种特有的定义的理解实行导致真正的规定

---

1. Ludwig Wittgestein, *Bemerkungen über die Farben*, I-15, S.16.

可能性。"[1] "不确定地给出对象"还能被叫作"定义"吗？海德格尔这里的意思显然跟维特根斯坦所谓的"不可靠性"同趣——在思想姿态和要求上，20世纪的两位大哲竟是高度一致的。

1. Martin Heidegger, *Phänomenologische Interpretationen zu Aristoteles*, GA, Bd. 61, Frankfurt am Main: Vittorio Klostermann, 1994, S.17.

第三章
寂声与黑白
——关于声色世界的现象学存在论[1]

　　世界是声与色的世界，声音与颜色是这个世界的基本要素，古典时期的自然人类首先对两者做了形而上学的沉思，进而在近代

1. 本文系作者以《寂声与黑白——关于颜色和声音的现象学和存在论》为题在澳门大学哲学与宗教学系做的报告（2023 年 10 月 31 日晚 7 点），感谢澳门大学李军教授、首都师范大学陈嘉映教授和王庆节教授的现场点评和讨论，以及苏州大学李红霞博士的线上点评。后以《关于声音与颜色的现象学存在论》为题在北京师范大学哲学系报告（2023 年 11 月 24 日下午），感谢刘成纪教授的主持和评论。原载《中国社会科学》，2024 年第 5 期。收入本书时作了部分改动和调整。

欧洲做了科学的—物理的还原主义或简化主义的处理，从而掩盖了颜色显现和颜色感知的其他的非科学的可能性；19世纪以来的声音工业和电光工业开始对声音与颜色世界的技术化改造，导致了本文所谓的"声音与颜色虚无主义"。但声音与颜色问题依然成谜。本文尝试从现象学哲学出发探讨声音与颜色现象，形成一种"声音与颜色的存在论"，指出声音的根本问题是"寂声"，颜色的根本问题是"黑白"，无声无色为虚无，而有声有色即存在；而从自然人类的具身存在角度来说，在今天这个"声音与颜色虚无主义"时代里，我们需要维护或者重新唤起一种"听无声"和"观黑暗"的原初感知能力。

一、世界是有声有色的

"声色"在汉语中似乎不是一个好词。我们经常说"声色犬马"，比如此刻在澳门，我们会说"澳门是声色犬马之地"，这里的"声色"指的是淫声和女色。但我们也经常说"不动声色"，此时"声色"指我们说话的语气和脸色。这差不多是"声色"的本来意义："声"是语气，"色"是颜色。当我们讨论"声色"时，我们取的是后一种意思。

于是我们就可以说：世界是声色的，世界是有声有色的。

人类的声音与颜色世界是视和听的世界，是感觉的世界。但除了视觉和听觉，人类还有其他感觉样式，即嗅觉、味觉、触觉；故而有亚里士多德所讲的"五觉"和佛教所谓的"五尘"或"五欲",即色、声、香、味、触。基于地缘的自然人类族群文明各有差异,但关于外部世界(自然界)的感觉(感触)和表达却是大同小异的,可见人有"同感";这种"同感"似也可佐证康德美学中所讲的"共通感"。[1]

问题在于:在佛教所说的"五识"(即眼识、耳识、鼻识、舌识和身识)和亚里士多德所谓的"五觉"(即视觉、听觉、嗅觉、味觉和触觉)当中,为何眼与耳、视觉与听觉

---

1. 康德假定有一种共同的情感(感觉力)作为美的来源,即"共通感"(sensus communis):"鉴赏判断要求每个人赞同;而谁宣称某物是美的,他也就想要每个人都应当给面前这个对象以赞许并将之同样宣称为美的。"简言之,你说"这朵花是美的",你同时也就假定了别人也会这么做。这是康德先验哲学的基本套路。参看康德:《判断力批判》,邓晓芒译,人民出版社,2002年,第74页。

具有优先性？而进一步的问题还有：在眼与耳之间、视觉与听觉之间，又为何眼压倒了耳，视觉取得了优势地位和中心地位？

亚里士多德着眼于本性 / 自然（physis）来探讨"五觉"，看起来比较公正地对待了五种感觉和五种感觉对象，但也许正因为基于本性 / 自然，他对视觉和听觉、颜色和声音的关注是最多的，我们看到，除了《论灵魂》的相关讨论外，还有论颜色和论声音的专题论述[1]。这就是说，至少在亚里士多德那里，世界合乎本性地 / 自然地首先是有声有色的，是一个声音与颜色的世界。

或问：眼与耳、视觉和听觉的优先性真

---

1. 亚里士多德：《论灵魂》与论颜色和论声音的著作，分别见于苗力田主编：《亚里士多德全集》第 3 卷和第 6 卷，中国人民大学出版社，1992 年和 1995 年。

的是自然而然、不言而喻的吗？这个问题并不好轻松回答。首先，亚里士多德应该是正确的，在"五觉"中视听的优先性明显具有身体—自然的基础，或者说具有身体—生理的基础。在动物世界，各种感官的意义是不一样的，对一些动物来说味觉和触觉特别重要，而对另一些动物来说最重要的是听觉，比如我们熟悉的狗，狗的听觉感应力是人类的 16 倍，它能听到的最远距离大约是人类的 400 倍；但对我们人类来说，眼睛无疑是最重要的感官，人类主要靠的是视觉。

不过，人类视觉机制是高度复杂的。生物学家罗伯特·兰札（Robert Lanza）和天文学家鲍勃·伯曼（Bob Berman）认为，表面看来人类有三个"视觉世界"，一是我们要观看的外部世界，二是在视网膜上呈现的颠倒的视觉图像世界，三是大脑或意识中的视觉王国，即图像被建构和感知的世界。那么，我们到底看到了哪个世界呢？视觉体验到底是在哪里发生的？科学的答案是，视觉是由颅脑内的 1 万亿个脑突触构建的。[1] 若然，我们是不是可以认为，至少存在着两个世界，即外部的"真实世界"与我们大脑里独立存在的"视觉世界"？这两位科学家的结论却是相当惊人的：不对，只有一个世界，"视觉图像被感知到的地方就是世界实际所在之处。在视觉之外，什么都没有"。[2] 颜色是我们创建出来的，整个可见世界就在我们身体之内，没有所谓的"外部世界"。这个明显

---

1. 2. 罗伯特·兰札、鲍勃·伯曼：《超越生物中心主义》，第 138 页。

违背"常识"的想法差不多接近于胡塞尔的意向性理论了，胡塞尔正是以此理论来解决"外部世界"的存在问题的。胡塞尔认为，意识不是一片空海滩，不是一个有待充实的容器，而是由各种各样的行为组成的，对象是在与之相适合的被给予方式中呈现给意识的，而这一点又是不依赖于有关对象是否实际存在而始终有效的。如果说对象（事物）是按我们所赋予的意义而显现给我们的，那就意味着，并没有与意识完全无关的实在对象和世界"现实性"。于是我们就可以认为，意向意识本身包含着与对象的关联，此即胡塞尔所谓的"先天相关性"。因此，正如德国当代哲学家克劳斯·黑尔德（Klaus Held）所说的那样，胡塞尔的"意向性"概念原则上解决了近代认识论的古典问题，那就是：一个起初无世界的意识如何能够与一个位于它彼岸的"外部世界"发生联系。[1] 上述两位科学家的视觉机制研究竟然在"外部世界的实在性"这个哲学基本问题上得出了一个与现象学一致的结论，是可以让人惊讶的。无论如何，现象学的感知理论和意向性学说可以为我们解决颜色感知和视觉机制问题提供一条路径。

其实不光眼睛是精妙绝伦的人体器官，耳朵和其他感官的演化也是十分神奇的故事。其中完全可与眼睛一较轩轾的当然是耳朵。试问：身体上两个孔的耳朵是如何生成的？耳朵是怎样开始和完成演化的呢？生物学家理查

---

1. 参看克劳斯·黑尔德："前言"，载胡塞尔：《现象学的方法》，倪梁康译，上海译文出版社，1994年，第18页。

德·道金斯给出的论证十分简单：人类的任何一片皮肤都能侦察震动，这是触觉的延伸，自然选择会青睐特别化的感官即耳朵的演化，"以这个感官捕捉遥远震动源发出的空气传导震动"。[1] 按照道金斯的说法，似乎耳朵就是触觉的集中凝聚，而这是自然选择的结果。作为一个坚定的进化论者，道金斯所谓的"自然选择"委实是一把随时可用的"万能钥匙"。不过，面对神奇的眼与耳，我们除了承认自然造化的伟大奇迹之外，夫复何为？

另一方面，眼与耳、视觉和听觉的优先性也具有社会文化的基础，因为眼与耳在人类社会性功能的实现中具有突出的重要性，

---

1. 理查德·道金斯：《盲眼钟表匠——生命自然选择的秘密》，第115页。

而早期人类的两门基础艺术——即造型艺术和声音艺术——也加强和巩固了眼与耳、视与听的优先地位。这两门艺术，如果按照尼采的说法就是"日神艺术／阿波罗艺术"与"酒神艺术／狄奥尼索斯艺术"，所谓"日神艺术"不但包括建筑、绘画等造型艺术类型，也包括史诗、神话等文学类型，而所谓"酒神艺术"主要是抒情诗、音乐等。[1] 显然，尼采的艺术类型区分依循的也是视听之别。

进一步的问题是，在眼与耳之间，在视觉与听觉之间，为什么眼最终战胜了耳？为什么视觉取得了优先的或者中心的地位？这个问题同样不可轻松说明。视觉的主动性和外向性可能是其中的主要原因，而包括听觉

---

1. 主要可参看尼采：《悲剧的诞生》。

在内的其他感觉方式明显具有消极的和内向的性质。比如在古希腊的历史进程中，视觉艺术与听觉艺术曾经共同生长，前苏格拉底时代的古希腊早期文艺可以为此作证。视觉优先性的确立是后来的事，大致是在哲学和科学出现之际（在古希腊就是在苏格拉底时代），从文明样式和媒介上说，是"说唱文明"向"书写文明"的转换时代的事。不光是古希腊文明，人类各个轴心文明恐怕都做了一个不无暴力的预设：人类天性向日，是光明的动物。这当然不可能是偶然的。

在古希腊哲学时代里，亚里士多德关于声音与颜色的讨论最为典型。关于颜色，亚里士多德大致做了如下三点规定：其一，颜色是可见的东西，视觉对象是可见的，可见的东西要么是颜色，要么是可以用语言说明但实际上并没有名称的东西。"颜色乃是在本性意义上的可见物……"[1] 其二，颜色的本质是光，"光是颜色的本质和致使现实的透明物运动的东西，光是透明物的完全现实性"。[2] 其三，颜色是光与影的混合，多样的颜色是由于它们分有的光与影的不相等、不均匀。[3] 在亚里士多德所述的三点中，最为关键的是第三点，即有光与影、明与暗的不同混合，才有不同的颜色。这大概是自然人类的"自然而然的"想法，也是后世科学（近代牛顿）反对亚里士多德颜色观的基本着眼点。

至于声音，亚里士多德是从物体运动的角度来讨论的，其基本观点是，声音产生于事物

1. 苗力田主编：《亚里士多德全集》第3卷，第46页。
2. 苗力田主编：《亚里士多德全集》第3卷，第47页。
3. 苗力田主编：《亚里士多德全集》第3卷，第6页。

之间的"碰撞":"现实的声音是由于某物撞击中介中的另一事物而产生,因为声音是通过碰撞而产生。……声音的产生一定要有两个坚硬的物体相互碰撞并且与空气相撞。"[1] 在亚里士多德看来,声音是一种运动,发声体撞击空气在各个方向发生拉伸和压缩运动,当它碰到障碍时,就像球被反射一样产生回声。值得注意的一点是,欧洲近代声学在讨论声音运动时,不再说"碰撞",而是说"振动"。这种变化或转换是根本性的,因为关于物体"碰撞"的感知是自然而朴素的,而声波的"振动"却已经脱开了自然经验。

亚里士多德的声音论与颜色论已经颇具体系,乃基于自然人类对生活世界的习常感知,

---

1. 苗力田主编:《亚里士多德全集》第3卷,第49页。

具有奠基性的意义，可以说达到了自然人类的感知经验及其表达的极致境界，但显而易见，它未必是"科学的"——并不是近代物理学意义上的"声学"和"光学"，而毋宁说，它在很大程度上是与科学的声光之学相悖的。

最令人惊奇的是亚里士多德关于"叫声"的描述和讨论，值得我们重视，但好像一直未受关注。亚里士多德认为，并非所有动物都能"叫"，有灵魂的生物才能发出"叫声"。可见"叫"是多么难得。在亚里士多德看来，引起碰撞的东西是必然具有灵魂的，而且具有某种想象，因为"叫声"乃是一种"有意义的声音"。在我们发出"叫声"时，吸入的空气被用来使气管里的空气撞击气管本身。而这一事实表明，不论我们是在吸气还是在呼气，我们都无法说话，只有屏住呼吸我们才能说话。[1]只有人才会"叫",但人不是乱喊乱叫的;在这里,亚里士多德所谓的"只有屏住呼吸我们才能说话"尤其具有深义,因为在我看来,亚里士多德这里关于"叫"的观点已经触及了作为"人言"的语言的起源和发生问题。

世界的声音与颜色性当然还与前述的两门基础艺术有关,或者说是在两门基础艺术中表现出来的,那就是造型艺术与声音艺术。在《悲剧的诞生》中,尼采开篇就说,在古希腊人的世界里存在着两种基本的自然冲动,两种十分不同的"本能",相应地就有两个基本的艺术类型,即造型艺术(阿波罗艺术)与非造型的音乐艺术(狄奥尼索斯艺术)之

---

1. 苗力田主编:《亚里士多德全集》第 3 卷,第 53 页。

间的巨大对立 [1]——按我们这里的说法，也可以说是"色之艺"与"声之艺"的对立。尼采这里的想法似乎与亚里士多德基于自然 / 本性的声音论和颜色论有承接的一面，但更多地已经悄然完成了一种重要的转换，即从古典自然存在论向现代意志存在论的转换，所以尼采说，两种艺术基于两种"本能"，即两种"欲"。

二、声与色的根本是寂与黑

我们已经看到，亚里士多德关于声音和颜色的观点是朴素而天真的，不过其中也不乏深刻和高明之见，比如他这样写道："视觉

---

1. 参看尼采：《悲剧的诞生》，第 19 页。

不仅关系到可见的事物，也关系到不可见的事物（黑暗就不可见，但视觉仍能辨认出黑暗……；同样，听觉不仅与声音有关也与寂静有关，前者听得见，后者则听不见……"[1]在这里，亚里士多德明确地直观到了视觉现象中的可见与不可见、光与暗之二元性，以及听觉现象中的声音与寂静、有声与无声之二元性。但这明显还是不够的，囿于古典存在论/本体论的物观和运动观，亚里士多德的声音论和颜色论尚未能触及声音与颜色现象中包含的语言—存在事件，也即还不能把声音与颜色现象中的二元性理解为语言—存在的"二重性"（Zwiefalt）发生。

完成这一步的是20世纪的现象学哲学，

---

1. 苗力田主编：《亚里士多德全集》第3卷，第57页。

特别是德国思想家马丁·海德格尔的现象学存在论 / 本体论。

海德格尔似乎没有专题或专文讨论过颜色和声音问题，但显然，他已经思入声音与颜色的根本问题了。在 20 世纪 30 年代的《艺术作品的本源》中，海德格尔在一处不起眼的地方谈到了颜色 / 色彩："颜色 / 色彩闪烁发光而且惟求闪烁。要是我们自作聪明地加以测定，把颜色 / 色彩分解为波长数据，那颜色 / 色彩早就杳无踪迹了。只有当它尚未被揭示、未被解释之际，它才显示自身。因此，大地让任何对它的穿透在它本身那里破灭了。大地使任何纯粹计算式的胡搅蛮缠彻底幻灭了。"[1]

------

1. 海德格尔:《林中路》，孙周兴译，商务印书馆，2018年，第 36 页。

海德格尔的这段话蕴含着十分丰富的含义。海德格尔在此首先反对牛顿物理学的颜色/色彩理论，认为牛顿科学（光学）把颜色/色彩分解为波长数据，只可能造成颜色/色彩的湮灭，而不可能有真正的颜色感受和颜色经验；进而，海德格尔把颜色/色彩问题置于"存在之真理"（Sein der Wahrheit）的主题之中。所谓"真理"，海德格尔采纳了——更新了——古希腊的"揭示/解蔽"之义：[1]真理就是"被揭示状态"或"无蔽状态"。其实这种解说并没有表面看来的那么玄奥。人类日常经验中处处都有"揭示"，我们的一言一行都是"揭示"，即便最简单

---

1. 可参看拙文《Aletheia 与现象学的思想经验》，载孙周兴：《以创造抵御平庸——艺术现象学演讲录》，商务印书馆，2019 年，第 3 页以下。

的感知或直观行为也是一种"揭示"，此刻我在"看"你，我把你"看作"什么，这种"看"和"看作"都是不容易的，其实都已经是"揭示"，也已经是"赋义"。所以作为"揭示／解蔽"的真理行为是普泛的、无所不在的。不过，海德格尔所思的"真理"（Wahrheit）还要复杂得多。只是为了解释方便起见，我们可以说，海德格尔所理解的希腊语 aletheia 意义上的真理差不多是一个双重结构，既指"存在本身"（Sein selbst）——海德格尔甚至直接把它命名为"神秘"（Geheimnis）——意义上的真理，也即作为"澄明—遮蔽"之二重性的"存在之真理"，是"存在本身"的"显—隐"二重性运动；又指"存在者之存在"（Sein des Seienden）意义上的真理，也即作为"天空—大地"——

"天与地"——二重性的"存在者之真理"，是可感可知的"世界"（生活世界、文化世界、意义世界）的"显—隐"二重性运动。这里需要说明的是，我们对真理的这样一种"层级"区分当然只是为了讨论方便，但不能说有两种真理，其实两者是一体发生的。海德格尔又说艺术是真理发生的根本方式之一，这种发生其实是"存在之真理"向"存在者之真理"的实现，也即"世界"的发生。"艺术真理"发生出来，才生成了有声有色的世界。[1]

---

1. 海德格尔在《艺术作品的本源》一文中阐述的艺术哲学与阿多诺在《美学理论》中开展的美学学说一道，被称为"真理美学"（Wahrheitsaesthetik）。但两者是有区别的，海德格尔把艺术视为"真理发生"的原初方式，而阿多诺则区分了以"模仿"为本质特征的艺术的"非同一性真理"与以"理性"为本质（转下页）

除了颜色，海德格尔同样把声音置于语言—存在之思的玄秘论域之中。我们在此需要重温海德格尔在《在通向语言的途中》中所做的相关玄思，他在其中是这样来描述根本性的"寂静"（Stille）的：什么是"寂静"？寂静绝非只是无声，在无声中保持的只不过是声响的不动。但不动既不是作为对发声的扬弃而仅仅限于发声，不动本身也并不就是真正的宁静。不动始终仿佛只是宁静的背面。不动本身还是以宁静为基础的。但宁静之本质乃在于它静默。严格看来，作为寂静之静默（das Stillen der Stille），宁静（die Ruhe）总是比一切运动更动荡，比任何活动

（接上页）特征的哲学的"同一性真理"。可参看海德格尔：《林中路》；Theodor W. Adorno, *Ästhetische Theorie*, Frankfurt am Main: Suhrkamp, 1970。

更活跃。[1] 在海德格尔这里，寂静并非只是无声，不是声响的不动，而是一种真正的动荡，是运动性的"静默"——海德格尔在此用了德语动名词 das Stillen（动词 stillen 的字面意义是"寂静化"或"寂静着"），意在强调寂静的生发之义。

由上面展开的"寂静"之思，海德格尔进一步得出了他十分玄秘费解的语言观："语言作为寂静之音说。寂静静默，因为寂静实现世界和物入于其本质。以静默为方式的世界和物之实现，乃是区分之本有事件（das Ereignis）。语言即寂静之音，乃由于区分之

1. 海德格尔：《在通向语言的途中》，第 22 页。海德格尔这里的表达具有神秘主义倾向，或可称为"语言神秘主义"。但事关语言—存在的本源性发生，也是文化世界的起源问题，思想不得不进入幽暗神秘之境。

自行居有而存在。"[1] 一句话，语言作为世界和物的自行居有着的"区分"而成其本质——这是海德格尔关于作为"寂静之音"的语言的基本界说。这话仍然不太好懂，但基本逻辑如同前述的真理发生。语言也同样构成一个两层结构：首先是"寂静之音"，是无声的"大音"，这种语言是本有 / 存在（Ereignis/Sein）[2] 的运行和展开（二重性 / 区分之实现），其实已经不能叫"语言"即"人言"（Sprache），而只能叫"道说"（Sage）即存在之"显示"（Zeige）。其次是作为"人言"的语言，它同样具有"是"与"不"、"显"与"隐"的二重性运动（区分之实现）。

---

1. 海德格尔：《在通向语言的途中》，第 23—24 页。
2. 此处的"本有"是后期海德格尔的基本词语，是海氏用来代替"存在"概念的思想词语。

语言是"寂静之音"（das Geläut der Stille）。在此我想尝试提出"寂声"或者"寂音"概念，或者干脆用一个字"寂"，一方面可以用来简化海德格尔所谓"寂静之音"，另一方面是为了用它来对应颜色中的黑白。因为在我看来，如果说声音的根本问题是"寂声"，或者说声音的根本元素是"寂"，那么，颜色的根本问题是"黑白"，或者说颜色的根本元素是"黑"。需要说明的是，我这里使用的"寂声"和"黑白"并不能完全构成一种对应。通过"寂声"一词，实际上我是要强调"寂"与"声"的二重性，即"无声"与"有声"的二重性，或者说"寂"与"声"的差异化运动，这正是海德格尔所谓"寂静之音"的意义指向；而通过"黑白"，我固然也可强调"黑"与"白"的二重性，但难以呼应"寂"

与"声"。也许与"寂—声"相应的是"黑—色",与"寂"与"声"相当的是"黑"与"色"。在本文中,我只想在字面上强调声音现象与颜色现象的根本性的二重性运动,故采用了"寂声"和"黑白"概念。

无论是"寂"还是"黑",都指向了存在之隐匿和虚无之境。顺便指出,当代物理学和宇宙学的进展也已经抵达了"寂""黑"之境,宇宙学家认为,宇宙中的物质多半是"暗的",只有小部分(5%)是可观察的和可探测的,而大部分(95%)是"暗物质"和"暗能量",是不可"透视"的,是"未知的"。"任何独立存在的外部宇宙最多是空白的或黑色的。"[1]

---

1. 参看罗伯特·兰札、鲍勃·伯曼:《超越生物中心主义》,第 136 页。

我们知道，在现代颜色理论中，红、黄、蓝（一说红、黄、青）被看作"三基色"，也即通过其他颜色的混合无法得到的基本色，又被称为"三原色"，它们可以混合出所有的颜色，三者相加则为黑色，又把黑、白、灰三色列为"无色系"。这是科学时代形成的颜色／色彩理论，如今已成为全人类理所当然的"基本常识"，其本质特征是还原主义或者简化主义。而实际上，下面我们会看到，古典时代自然人类的声音与颜色经验要丰富得多，也要玄秘得多。

在自然人类的经验中，寂／寂声和黑／黑色都是根本性的、本源性的声音与颜色经验。老子曰："大象无形，大音希声。"与欧洲—西方传统有所不同，中国古代讲"五色"，即青、黄、赤（红）、白、黑。"五色"与"五行"相配合，"五行"与"五色"相应，即木对应于青，火应于赤，土对应于黄，金对应于白，水对应于黑。中国古人又有"三色三彩"之说，"三色"为黑、白、玄，"三彩"为青、黄、赤。在"三色"中，"黑"和"白"明显可解，但什么是"玄色"呢？天玄地黄，此"玄"近黑，黑里带微赤为玄色，差不多指示着红黑色域，可谓"玄黑"。古人说的"玄鸟"就是燕子，燕子背部之色即"玄色"。玄色作为一种独立颜色是令人费解的，甚至于有点莫名其妙。[1]

中国古代的"黑白玄"三色可与西方人说的"黑白灰"三色构成一种有趣的对照。

---

1. 中国古代的玄色是变化的，在先秦之前，"玄"指的是蓝色，在春秋晚期指的是青色，两者都与天相关，所谓"蓝天"和"青天"；至汉代才有红黑色义。

为何中国古代有玄色，而西方人讲灰色？如果说灰色是黑与白之间的中性色，那么，玄色是类似的中间色吗？此类问题也是大可深究的，但并非本文的任务。我们看到，西方绘画是特别重视灰色的，保罗·塞尚（Paul Cézanne）曾说过，在你没有画出灰色之前，你还成不了一个画家。[1] 当代德国艺术大师格尔德·里希特（Gerhard Richter）把灰色当作最重要的颜色，尤其是在他前期的"照片绘画"（Photo Painting 或 Photo-based painting）中大量运用了灰色调。里希特自己给出了如下解释："灰色是一种缺乏主见的表现，什么也没有，什么也不是。但灰色是

---

1. 塞尚：《塞尚与加斯凯的对话》，载许江、焦小健编：《具象表现绘画文选》，中国美术学院出版社，2002年，第16页。

我认识自己与表面现实关系的一种手段。"[1]
当代德国哲学家彼得·斯洛特戴克（Peter
Sloterdijk）最近专门写了一本书来讨论颜色
问题，主题却是"灰色"，书名就叫《谁还不
曾思灰色？》。[2]

　　"玄"当然也有"神秘"之义，但这种
"神秘"之义是与"玄黑"之色义相关联的。
老子《道德经》第一章曰："玄之又玄，众妙
之门。"老子这个"玄之又玄"到底是何意
呢？怎么来解说之？也可谓众说纷纭。苏辙
给出的一个解释是："凡远而无所至极者，其
色必玄，故老子常以玄寄极也。"（《老子解》）

---

1. Gerhard Richter, *Text 1961 bis 2007*, Köln: Verlag der
   Buchhandlung, 2008, S.67.
2. Peter Sloterdijk, *Wer noch kein Grau gedacht hat? Eine
   Farbenlehre*, Frankfurt am Main: Suhrkamp, 2022.

吴澄则明确认为："玄者，幽昧不可测知之意。"（《道德真经注》）[1] 史上此类解说都把老子的"玄"了解为"幽昧深远"，没错，但恐怕还是不够的，只有苏辙言及"其色必玄"，但也只是强调"以玄寄极"，而其他的解说多半放弃了"玄之又玄"者的"玄黑"色义。老子的"玄之又玄"说的是"道"的有无相生，或者说，声音与颜色中的存在与虚无。

法国现象学家梅洛-庞蒂显然直观到了这种"玄黑"之义，并且称之为"幽暗之力"。在《知觉现象学》中，梅洛-庞蒂这样写道：我说我的钢笔是黑色的，而且我在阳光下看到它确实是黑色的，但这一黑色"与其说是黑色的感性性质，不如说是一种从对象中散

1. 参看陈鼓应注译：《老子今注今译》，商务印书馆，2016 年，第 77 页。

发出来的幽暗之力"。[1] 如我们所见，梅洛-庞蒂在此上下文中主要讨论的是颜色知觉和颜色的恒常性，但在不经意之间，他已经触及了颜色现象中的根本问题。

我们似乎可以说，无声无色（寂声和玄黑）为虚无，有声有色（声音和颜色）为存在。从"无声无色"向"有声有色"的生成，在海德格尔那里被表达为"存在—真理"之发生，也是艺术的"无中生有"。

另外，声与色还涉及时间与空间问题，或者干脆可以说，声音与颜色问题也就是时空问题。声音与流动相关，是时间性的；颜色与广延相关，是空间性的。于此引发了哲学史上持久的争论。在古典时代，亚里士多

---

1. 梅洛-庞蒂：《知觉现象学》，第 421 页（译文有改动）。

图七　马列维奇《黑色方块》（1915 年）

德依然是从自然 / 本性角度来理解时间和空间的，他把时间规定为"运动的计量"，"时间是关于前后运动的数"；并且说"时间不是运动，而是使运动成为可以计数的东西"。[1] 至

---

1. 亚里士多德：《物理学》第四章，219b1—4，张竹明译，商务印书馆，1982 年，第 100 页，第 125 页。

于空间，亚里士多德没有在计算或计量意义上来处理，而是在位置意义上加以讨论的，是"位置—空间"(Topos)。他在《物理学》中写道："空间乃是一事物的直接包围者，而又不是该事物的部分。"[1] 进一步，亚里士多德还给出了一个更具体的"空间"定义："空间是包容着物体的边界。"(Topos peras tou periechontos somatos akineton.)[2] 亚里士多德那里的时间—空间观点是自然而朴素的，基于自然人类对声音与颜色世界的基本感知。但我们也要看到，亚里士多德的时间观是可以与现代物理学的时间观相贯通的，因为它同样基于计量或计算；而他的空间观却与现

---

1. 亚里士多德：《物理学》第四章，210b35，第100页。
2. 亚里士多德：《物理学》第四章，212a5，第103页。

代物理学的空间概念完全格格不入，甚至具有后世现象学的色彩，这是令人奇怪的，也是大可深究的。

近代哲学的时空之争依然落实于视与听、声与色，特别可见于康德与哈曼之争，即哈曼对康德"先验感性论"的所谓"元批判"（Metakritik）。我们知道，康德是哲学史上第一个把时间和空间内化为主体认知形式的哲学家。在《纯粹理性批判》的"先验感性论"中，康德把时间和空间视为两种直观形式，一内一外，时间为"内感官"，而空间为"外感官"，与之相对应的是两门形式科学，即算术与几何学。此时康德信心满满，以为他以此方式已经为这两门基础科学做了先验哲学的论证。然而，同时代的思想"怪杰"哈曼却完全不能同意康德此说，认为时间与空间并不是主体直观形式，而是两种语言形式，即"听"和"视"，与之对应的也不是两门基本的形式科学（算术和几何学），而倒是两种基本的艺术，即音乐与绘画。这完全是另一种致思路径了。哈曼写道："最古老的语言是音乐，连同脉搏跳动和鼻腔呼吸的可感受的节奏，是一切速度及其数字比例的生动典范。最古老的文字是绘画和图画，它最早地关注了空间的经济学、通过形象对空间的范限和规定。"[1] 哈曼早就已经完成了对近代主体哲学的语言哲学转化，而且在我看来更重要的一点是，他的语言哲学已经探入声音与颜色的根本问题。

---

1. Johann Georg Hamann, *Vom Magus im Norden und der Verwegenheit des Geistes*, Ausgewählt von Stefan Majetschak, Bonn: Parerga Verlag, 1993, S.209.

在这里，在这种对阵中，康德是科学的，而哈曼是艺术的。两者之间恐怕没有对错，但道不同。

三、声色虚无主义

我们看到，通过对两门基础性的形式科学（算术与几何学）的基础论证，康德的时空观已经是对声音与颜色世界的抽象化—数学化。这一进程早就在伽利略和牛顿时代就开始了。牛顿的绝对时空观已经完成了对有声有色的世界的抽离。而通过近代声学和近代光学，这种抽离得以稳步地、科学地推进。

近代声学始于17世纪初伽利略对单摆周期和物体振动的研究。伽利略首先发现，振动的速率（即频率）是真正决定发声体所产生的律音之频率的重要因素。[1] 牛顿力学把声学现象与机械运动统一起来。在《自然哲学的数学原理》（1687）中，牛顿做了一个推理：振动物体要推动邻近媒质，后者又推动它的邻近媒质，等等，这是声波的传导；声速应等于大气压与密度之比的二次方根。[2] 但牛顿此说一直未得到证明。直到19世纪初，克拉尼通过对杆的纵振动和扭转振动的实验推进了声音在不同媒质中的各种速度的研究。[3] 1816年，拉普拉斯指出，只有在空气

---

1. 沃尔夫：《十六、十七世纪科学、技术和哲学史》上册，第324页。
2. 参看牛顿：《自然哲学的数学原理》，赵振江译，商务印书馆，2006年，第454页。
3. 连拿破仑都说，克拉尼"使声音变得可以看见了"，参看沃尔夫：《十八世纪科学、技术和哲学史》上册，第186页。

温度不变时，牛顿关于声波传导的学说才是正确的，声速的二次方应是大气压乘以比热容比（定压比热容与定容比热容的比）与密度之比。

近代光学则开启了关于颜色的物理研究。与古典时代亚里士多德的颜色学说相反，牛顿通过著名的棱镜实验证明光谱颜色复合而形成白光，"物体的颜色是由于入射到它们上面的各种光线被不同物体的表面按不同的比例反射而造成的"。[1] 这被认为是对亚里士多德颜色理论的根本性颠覆。牛顿的颜色理论第一次对颜色现象做了"科学的"分析处理，主要问题恐怕在于这种理论所具有的明显的

---

1. 沃尔夫：《十六、十七世纪科学、技术和哲学史》上册，第309页。

还原主义或简化主义色彩。实际上，把自然光还原为七种单色光就是大成问题的，一直以来都是大有争议的。时至今日，依然有人质疑牛顿设定的七色，认为自然光可分为六种，甚至五种颜色。[1] 对于这种牛顿式的还原主义或简化主义，梅洛-庞蒂的批评是公允的："物理学以及心理学给颜色下了一个随意的定义，它实际上只适合于颜色的一种显现方式，长期以来，它向我们掩盖了颜色的所有其他显现方式。"[2] 这正是症结所在，今天人类完全被牛顿物理学意义上的"七色"所控制了，牛顿"七色"已经成了全人类的颜色感知模式，而其他多样的颜色显现和颜色感

1. 沃尔夫：《十六、十七世纪科学、技术和哲学史》上册，第307页。
2. 梅洛-庞蒂：《知觉现象学》，第421页。

知可能性，则已经被严重弱化，甚至于被锁闭了。

无论近代声学还是近代光学，都具有实验和计算的特征，也即通过实验对声音与颜色现象做数学的分析、抽象、计算。诚如牛顿在《光学》（1704）中所述：他的意图"不是用假说来解释光的性质，而是用推理和实验来提出和证明它们"。[1] 把声音还原为声波，和把颜色还原为光波，根本上归属于近代"普遍数学"（mathesis universalis）这一宏大科学计划。这一科学理想在笛卡尔那里得到了最成熟的表达："谁要是更细心地加以研究，就会发现，只有其中可以觉察出某种秩序和度量的事物，才涉及 mathesis，而且这种

---

1. 牛顿：《牛顿光学》，周岳明等译，北京大学出版社，2011年，第3页。

度量，无论在数字中、图形中、星体中、声音中，还是在随便什么对象中去寻找，都应该没有什么两样。所以说，应该存在某种普遍科学，可以解释关于秩序和度量所能够知道的一切。"[1] 在这里，笛卡尔甚至专门提到了图形和声音，在他看来，声音与颜色世界也必须服从"普遍数学"的要求。

18世纪后期开启的技术工业把人类带入非自然的技术存在状态，在不到一个世纪的时间内就已经动摇和摧毁了传统自然人类精神表达和价值构成体系。今天我们已经可以看到，费尔巴哈和马克思是最早洞察到这一历史性大变局的哲人。在1843年的《未来

---

1. 笛卡尔：《探求真理的指导原则》第四原则，管震湖译，商务印书馆，1995年，第18页。

哲学原理》中，费尔巴哈指出未来哲学的任务是"将哲学从'僵死的精神'境界重新引导到有血有肉的、活生生的精神境界，使它从美满的神圣的虚幻的精神乐园下降到多灾多难的现实人间"，简言之，未来哲学首先要"通过神的哲学的批判而建立人的哲学的批判"。[1] 费尔巴哈对旧时代文化的划断和切割主要着眼于宗教—神学批判，但他并未认识到自己的人类学或者"人的哲学"的困难。几年以后，马克思、恩格斯更进一步，认识到了一个正在到来的新时代的技术工业本质，并且断言，因为技术工业的进展，因为生产的不断变革，"一切固定的东西都烟消云散

---

1. 费尔巴哈：《未来哲学原理》，洪谦译，商务印书馆，2022年，第1—2页。

了，一切神圣的东西都被亵渎了"。[1]至 19 世纪后半叶，尼采便以"上帝死了"这一著名判词宣告虚无主义时代的到来，宣告主要通过传统哲学和宗教构造起来的自然人类价值体系的崩溃。在这一点上，马克思是尼采的先行者，两者都是一个新时代的先知和一个新世界的预言者。

现在我们可以说，虚无主义也意味着"声音与颜色虚无主义"，或者说，它首先表现为"声音与颜色虚无主义"。

也正是在 19 世纪后半叶，西方世界产生了声音技术和声音工业。1877 年爱迪生发明了人类历史上第一台机械留声机，这台"会

---

1. 马克思、恩格斯：《共产党宣言》，载《马克思恩格斯选集》第 1 卷，人民出版社，1974 年，第 254 页。

说话的机器"令人震惊，意义重大，它开启了人类刻录声音的历史——试想，不可见的、不断流失的声音居然是可以刻录下来，可以保存和复制的，这是何等奇迹啊！自那以后直到今天，随着技术的不断进展，声音记录和存储技术依次经历了机械刻纹（唱片留声机）、磁记录（磁带录音机）、激光刻录（光盘 CD 机）和半导体存储技术（数字录音器）等四个阶段，在此进程中，声音制作和声音传播已经成为现代技术工业的重要组成部分，而传统音乐被扩展和被放大为声音艺术，成为技术生活世界的主导文化样式。

与声音技术的产生差不多同时期，也出现了电光技术和电气工业。1879 年 10 月 21 日，同样是这位爱迪生，制作了世上第一只具有实用价值的电灯[1]。与机械留声机相比较，电灯是一项也许更具历史变革性意义的发明，它使人类终于可能彻底消灭黑夜，把黑夜变成白昼，形成一个"电光新世界"。今天我们已经不难看到，电光是具有技术哲学的意义的，是技术工业的突破性标志，可以说对于技术生活世界具有开端性意义，人类由此进入昼长夜短的新阶段，人类终于走出了自然的"火光世界"而进入了技术的"电光世界"了——可以说，17—18世纪的欧洲启蒙运动至此方告完成，因为"启蒙"的本义就是

---

1. 电灯的发明史要早很多。1854年，德国钟表匠亨利·戈贝尔用一根放在真空玻璃瓶里的碳化竹丝，制成了首个有实际效用的电灯，持续亮了400个小时，但他没有申请专利。1875年，爱迪生从加拿大电气工程师那里购入一项电灯专利，进一步改良灯丝，终于制造出能持续亮1200个小时的碳化竹丝灯。

"带来光明"和"照亮世界"。这就是说,启蒙运动是依靠电光技术来完成的。此外,特别值得指出的是,在感性层面,电光技术对自然人类的事物感知能力的改变和重塑是深刻而彻底的,最明显的一点是自然人类渐渐丧失了对黑暗和神秘的感受能力。这一改变对视觉艺术和艺术创造的影响尤为突出,19世纪中期的艺术家瓦格纳已经天才般地预见了世界的理性化和透明化进程及其后果,提出"通过艺术重建神话"的策略。[1]

　　声音与颜色发生巨变,一个以虚无主义为标识的技术新世界开始了。但我们不妨重复一下上面引用过的海德格尔在《林中路》中的断

---

1. 瓦格纳有言:"诗人的任务只是解说神话。"Vgl. Richard Wagner, *Oper und Drama*, in: *Dichtung und Schriften*, Bd.7, Frankfurt am Main: Insel Verlag, 1983, S.188.

言：把颜色／色彩分解为波长数据，那色彩／颜色早就杳无踪迹了。它只有在尚未被揭示之际才显示自身。对于声音，我们似乎同样可以套用海德格尔关于颜色／色彩的说法：把声音还原为声波数据，那声音早就逃之夭夭了。在此意义上，我们完全可以提出"声音与颜色虚无主义"或者"声色虚无主义"概念。[1]

所谓"声音与颜色虚无主义"，不只意味着世界之变，同时也意味着人性之变、价值之变。这种变化具有二重性：一方面，通过技术工业，由于其加强和放大，人类成为

---

1. 本文尝试提出"声色虚无主义"命题，意在揭示声音与颜色（光）现象在技术工业的影响下发生的变异和异化。限于论题和篇幅，本文未能重点探讨价值虚无主义与存在论上的虚无主义之别，但毫无疑问，本文所谓的"声色虚无主义"偏于存在论上的，或者说具有存在论性质。

"声音与颜色动物"，越来越沉湎于"声音与颜色犬马"。有"史"以来，即自然人类文明史以来，今日世界之喧嚣登峰造极，人类纵情声音与颜色的程度也是前所未有的了。而另一方面，技术工业已经抽空了自然人类的声音与颜色经验，使人类进入"声音与颜色冷漠""声音与颜色不应"状态——尤其是对"寂"与"黑"、对寂然无声和幽暗玄秘的无力不应状态。

在今天的数字技术时代，"声音与颜色虚无主义"已经拓展和呈现为"数字/数据虚无主义"。第二次世界大战之后，随着信息科学、计算机、互联网和人工智能技术的快速进展，"数学工业"越来越把全球人类带入"数字存在"之中，数字/数据成了当代文明和当代生活世界的中心。特别是在刚刚过去短短的三四十年间，人类的三种基本媒介——文字、图像、声音——已经被完全地和彻底地数字化了，速度之快着实令人惊叹。与此同时，这三种业已被数字化的媒介的文化权重和相互关系也发生了十分重要的变化。在自然人类文明中，文字是主流媒介，可以说独霸天下，而且一直压制着其他媒介，特别是声音媒介；而在今天的数字时代，文字媒介和书写文化的地位已经大幅下降了，图像和声音媒介渐入主流，在权重上至少可以与文字媒介三分天下了。而就视觉文化与听觉文化的二元关系来说，在三种媒介中，文字和图像归于视觉，传统纸媒文字和手工图像日益衰落，传统视觉文化样式（文学、造型艺术和哲学等）颓势尽显，越来越寄生于被数字化的文字和图像；比较而言，被数字化的声音显然具有更强大的贮存力和更广泛的传播力，悄然无声中，原本被相对边缘化的声音文化已经崛起，包括流行歌曲在内的当代声音艺术可以为此作证。[1] 正因此，巴迪欧可以断言，在当代意识形态制度中，音乐充当着关键的媒介角色，我们生活在一个"音乐狂热"的时代。[2]

"声音与颜色虚无主义"是一个最显赫的标志，表明我所谓的从自然人类文明向技术人类文明转变的重大变局——这一变局也被

1. 中国内地著名歌手刀郎作词、作曲并演唱的新歌《罗刹海市》以虚构的罗刹国为背景，描绘了一个怪诞奇幻元素的世界。这首新歌收录于刀郎专辑《山歌寥哉》，于 2023 年 7 月 19 日发行，上市后短短几个月，全球播放量已达人类历史之最（一说点击量已超过 800 亿次，破吉尼斯纪录），成为中国当代文化产业中最成功的个案。
2. 阿兰·巴迪欧：《瓦格纳五讲》，第 10 页。

尼采恰当地标识为"虚无主义"。而支配性媒介的转变，也即从文字和图像转向声音，根本上就是从"看"转向"听"，是具有复杂而深刻的文化意义的。

四、听寂声与观黑暗

在本文中，我为自己设定的一项基本任务是：描述自然人类古典的原初的声音与颜色经验，揭示由技术工业造成的"声音与颜色虚无主义"，进而尝试从现象学出发探讨声音与颜色现象，形成一种"声音与颜色存在论"。基于自然人类的声音与颜色经验，我们已经指出声音的根本元素是"寂"，声音现象的根本问题是"寂"与"声"之二重性，颜色的根本元素是"黑"，颜色现象的根本问题与"黑"与"白"之二重性，无声无色为"虚无"，而有声有色即"存在"；而从自然人类的具身存在角度来说，今天需要维护或者重新唤起一种"听寂声"和"观黑暗"的原初感知能力。但我不得不承认，这是一个无比艰难的任务，因为事涉"声音与颜色存在论"，关乎人类经验中最幽暗和最神秘的部位。

这里需要强调指出的是，我所谓的"声音与颜色虚无主义"并不是一个纯然消极的命名，它指示着一个技术新时代的声音与颜色状态，指示着技术人类的存在二重性，即具身存在—数字存在的二重性。所谓"具身存在"不难理解，无非指自然人类肉身性的自然存在样式，那么，什么是"数字存在"呢？我们听到各种关于当代数字技术及其效应的表达，诸如"数字化生存""数字永生""虚拟存在""元宇宙""全球脑"，等等，而且动不动就有新的表述和说辞，人类似乎已经到了靠创新观念和概念为生的状态。这大概也是"加速主义"时代的必然现象。关于"数字存在"，我愿意给出一个初步的和暂时的"定义"是："数字存在"是技术人类状态的存在规定，即在数据当中通过数字和数字关系而得到形式化表达的存在样式。这里又有一个问题：何谓"存在"？因为汉语与印欧语系的差异，特别是古代汉语本身没有形式语法结构（包括汉语中系词之缺失），所以汉语人群对存在的感受和领悟有异于印欧语人群，至少在对存在的形式意义的理解上是有先天短板的。关于"存在"，伽达默尔给出了基于海德格尔语言存在论的阐释学哲学的解释："能被理解的存在就是语言。"[1] 存在是语言性的。于是我们可以认为，在自然人类状态中，我们通过语言理解和规定"存在"；[2] 而在技术人类状态中，我们通过"数字"规定"存在"。而且我们还必须意识到，欧洲——西方传统哲学中关于"存在"的探讨即所谓"存在论／本体论"（Ontologia）本来就与"形式科学"难解难分，甚至可以说，"存在论／本体论"本身就是一门"形式科学"。[3]

---

1. Hans-Georg Gadamer, *Wahrheit und Methode*, in: *Gesammelte Werke*, Bd.2, Tübingen: Mohr, 1993, S.334；参看孙周兴等编译：《德法之争——伽达默尔与德里达的对话》，商务印书馆，2015 年，第 10 页。

2. 唯有这个意义上，我们才能确当地理解哲学史上自亚里士多德以来的范畴论。亚里士多德的"范畴"既是语言形式又是存在形式，是两者的同一，即思想与存在的同一。

3. 有关"数字存在"及其形式科学起源，这里不拟展开，需另文讨论。

"声音与颜色虚无主义"之所以是不尽消极的，也是因为已经完成的声音与颜色技术化、特别是声音与颜色数字化过程也带来了一些积极的信号，特别是听—看、声—色、声音—图像之间的关系已经发生了重要变化，视觉中心主义衰落，声音作为传统的弱势样式渐渐取得了某种优势地位。这就在感性论和存在论层面上为克服主体主义做了准备，因为与视觉—图像相比，听觉—声音具有非主体性的或弱主体性的归属意义。看／视觉是主体性的，甚至可说是暴力性的，所谓主体主义本来就包含着视觉中心主义；而听／听觉则是非主体性的，是接受性的，但长期以来一直受到视觉主导的主体主义哲学和科学的压制。[1]

---

1. 关于"视觉中心主义"批判及视听关系的转变，可参看《眼之像还是心之声？——关于瓦格纳与声音艺术问题》。

146

在一段毫不起眼的上下文中，美国现象学家莱斯特·恩布里写道："聆听寂静有时候就像观看黑色，而有时候又像观看白色。声音以及颜色都是物体的可观察属性。在黑白和彩色之间有一种区别，而在寂静和声音之间也有一种类似的区别。但是聆听寂静是最类似于观看黑色的，特别类似于在一个封闭空间内的照明被关掉的时候我们所看到的那种黑暗，或者类似于我们在黑夜里把厚地毯蒙在头上的那种黑暗……"[1]恩布里在此敏锐地发现了声音与颜色之间的一种有趣的类比：黑白（黑色）之于色彩，有如寂静之于声音。

---

1. 莱斯特·恩布里：《现象学入门——反思性分析》，第49页。这段话直接启发了本文对声色（声音与颜色）问题的思考，尽管作者莱斯特·恩布里在上下文中未能展开对此课题的深入探讨。此外，恩布里在此也没有严格地区分使用"黑白"与"黑色"。

图八　大卫·弗里德里希《橡树林中的修道院》
（1809—1810 年）

我们由此仿佛又回归亚里士多德的自然声音
论与颜色论了。

生活世界是不断生发的声音与颜色世
界。这个世界有声有色，是一个"有／存在"
（Sein）的世界；这个世界无声无色，是一个
"无／虚无"（Nichts）的世界。听觉和声音
的根本问题是"寂声"或"寂"（无声）；而
视觉和颜色的根本问题是"黑白／黑色"或

"黑"（无色）。只是今天在技术宰治下的自然人类（末人／后人类）纵情于声音与颜色，不再——不能——关注根本的"无／虚无"和根本的"有／存在"了。作为自然人类，我们的"听"和"看"都成了问题。听力下降，视力模糊，人类垂垂老矣。世界已经太亮，我们失去了感知黑暗的能力；世界已经太闹，我们已经听不到静默寂声。

如何应对？如何抵抗？法国学者贾克·阿达利给出的一个策略是"倾听"。在阿达利看来，今天我们的眼睛已经趋于昏聩，在建立了一个由抽象概念、无稽之谈与沉寂构筑的现时代之后，我们已不再能预见未来。阿达利建议，我们必须学习多用声音、艺术、节庆，而少用统计数字来评判一个社会。[1]阿达利甚至

---

1. 贾克·阿达利：《噪音——音乐的政治经济学》，第11页。

倡导我们要"倾听噪音"——他显然采取了一个"拓展的声音概念"。阿达利的策略说白了，就是主张"少看多听"。这个策略自然不同于维特根斯坦的哲学倡议："多看少思"。

最后，让我们又一次回到海德格尔。海德格尔总是力求更冷静、更公允地面对这个已成人类天命的技术化世界，在后期的技术之思中，海德格尔向我们——技术人类——提出了两项要求，即"对于物的泰然任之"（die Gelassenheit zu den Dingen）和"对于神秘的虚怀敞开"（die Offenheit für das Geheimnis）。[1] 在一个技术物占据主导地位的技术世界里，人类面临一个艰难任务，就是如何应对同一

---

1. 海德格尔：《泰然任之》，载《讲话与生平证词》（《海德格尔全集》第 16 卷），孙周兴、张柯等译，商务印书馆，2018 年，第 629—630 页。

化的、抽象的技术对象；而在一个至高神性缺失的计算—数字世界里，我们同时还得重置身位，确认归属，重建技术生活世界的经验。现在我们终于可以理解了，海德格尔的"泰然任之"对应于可见的视觉世界，而"虚怀敞开"对应的是神秘的寂声。前者是行动的"降解"，后者是心灵的"倾听"，是一种重启的"归属"感。所以海德格尔写道："任何真正的倾听都以本己的道说而抑制着自身。因为倾听克制自身于归属中；通过这种归属，听始终归本于寂静之音了。"[1]这话虽然依然不太好懂，但基本意思是可了解的。

海德格尔的这两项要求——"看"的节制与"听"的专注——当然是连通的，正如

1. 海德格尔：《在通向语言的途中》，第 26 页。

他所主张的"诗"与"思"是在二重性意义上合一的。于是我们才可以理解海德格尔的下列说法:"对于物的泰然任之与对于神秘的虚怀敞开是共属一体的。它们允诺给我们以一种可能性,让我们以一种完全不同的方式逗留于世界上。"[1]

在"弱感世界"里抵抗"声音与颜色虚无主义"或"声色虚无主义",维持和重振声音与颜色感知,无疑是未来艺术和未来哲学的一个重要命题。而重振声音与颜色感知的根本点正在于"寂声"与"黑白"。于是我们还不得不追问:在今天,"听寂声"和"观黑暗"是否且如何可能?

---

1. 海德格尔:《泰然任之》,载《讲话与生平证词》(《海德格尔全集》第16卷),第630页。

图书在版编目(CIP)数据

声与色 / 孙周兴著. -- 上海 : 上海人民出版社,
2025. -- (未来哲学系列). -- ISBN 978-7-208-19081-
8

Ⅰ. G303-05

中国国家版本馆 CIP 数据核字第 2024H9N769 号

责任编辑　陈佳妮　陶听蝉
封扉设计　人马艺术设计・储平

中国美术学院文化创新与视觉传播研究院成果
Achievements of the Institute of Cultural Innovation and Visual Communication
China Academy of Art

中国美术学院视觉中国协同创新中心
The Institute for Collaborative Innovationin Chinese Visual Studies
China Academy of Art

中国美术学院视觉中国研究院
China Institute for Visual Studies , China Academy of Art

出版项目

未来哲学系列

声与色

孙周兴 著

出　　版	上海人民出版社
	(201101　上海市闵行区号景路 159 弄 C 座)
发　　行	上海人民出版社发行中心
印　　刷	上海盛通时代印刷有限公司
开　　本	787×1092　1/32
印　　张	5.25
插　　页	8
字　　数	50,000
版　　次	2025 年 1 月第 1 版
印　　次	2025 年 1 月第 1 次印刷

ISBN 978-7-208-19081-8/B・1778

定　　价	40.00 元